Multisim 10 电路仿真技术应用

赵永杰　王国玉　主　编

電子工業出版社·
Publishing House of Electronics Industry
北京·BEIJING

内 容 简 介

本书以目前使用最为广泛的电子仿真软件 Multisim 10 为软件平台,以具体项目为单元,以操作为主线,以技能为核心,将仿真技术的基本操作和基础理论巧妙地融合到具体电子线路中进行讲解,让读者在"做中学,学中做",轻松、高效地掌握 Multisim 10 仿真软件的应用技巧。

全本共分为 11 个项目,分别是直流电路仿真、三端稳压电源电路仿真、放大电路仿真、波形发生器电路仿真、数码管显示电路仿真、简单数字钟电路仿真、可编程任意波形发生器电路仿真、声音录放电路仿真、交通灯电路仿真、单片机电路仿真和综合应用电路。

本书可作为职业院校电子、通信、自动化、电气、信息等专业的教材,可供广大的电子设计人员阅读参考,也可用做仿真设计培训班的教材。

图书在版编目(CIP)数据

Multisim 10 电路仿真技术应用/赵永杰,王国玉主编. —北京:电子工业出版社,2012.4
职业教育课程改革创新规划教材
ISBN 978-7-121-16623-5

Ⅰ. ①M… Ⅱ. ①赵… ②王… Ⅲ. ①电子电路-计算机仿真-应用软件,Multisim 10-中等专业学校-教材 Ⅳ. ①TN702

中国版本图书馆 CIP 数据核字(2012)第 051983 号

策划编辑:张　帆
责任编辑:谭丽莎　　文字编辑:王凌燕
印　　刷:三河市鑫金马印装有限公司
装　　订:三河市鑫金马印装有限公司
出版发行:电子工业出版社
　　　　　北京市海淀区万寿路 173 信箱　邮编 100036
开　　本:787×1092　1/16　印张:13.75　字数:352 千字
版　　次:2012 年 4 月第 1 版
印　　次:2024 年 1 月第 25 次印刷
定　　价:30.80 元

凡所购买电子工业出版社图书有缺损问题,请向购买书店调换。若书店售缺,请与本社发行部联系,联系及邮购电话:(010)88254888,88258888。

质量投诉请发邮件至 zlts@ phei. com. cn,盗版侵权举报请发邮件至 dbqq@ phei. com. cn。

本书咨询联系方式:(010)88254592,bain@ phei. com. cn。

前　　言

　　EDA（Electronics Design Automation）是电子设计自动化的意思，借助于先进的计算机技术，EDA 技术已能依靠 EDA 软件平台完成各类电子系统的设计、仿真和特定目标芯片的设计。本书介绍优秀 EDA 软件 Multisim 10，它是电子线路分析与设计的优秀仿真软件。Multisim 10 界面直观、操作方便，创建电路需要的元件和电路仿真需要的测量仪器都可以直接从屏幕抓取，且元件和仪器的图形与实物外形接近。Multisim 10 已经成为电子技术领域进行教学、学习和实验的必不可少的辅助软件，是每一个电子技术爱好者、学习者和工程技术人员必须掌握的工具软件之一。

　　全书以 NI Multisim 10 教育版作为软件平台，共分为 11 个项目，分别是直流电路仿真、三端稳压电源电路仿真、放大电路仿真、波形发生器电路仿真、数码管显示电路仿真、简单数字钟电路仿真、可编程任意波形发生器电路仿真、声音录放电路仿真、交通灯电路仿真、单片机电路仿真和综合应用电路。

　　全书在内容组织、结构编排及表达方式等方面都做出了重大改革，以"基本功"为基调，通过做项目学习理论，通过学习理论指导实训，充分体现了理论和实践的结合；强调"做中学，学中做"的教学模式，使学生能够快速入门，把学习 Multisim 10 软件的过程变得轻松愉快，越学越想学。全书以具体项目为单元，以操作为主线，以技能为核心，将仿真技术的基本操作和基础理论融合到具体电子线路中进行编写，同时兼顾项目前、后的相关要求和所学知识的衔接。

　　全书不再按照传统体系分述，而是将仿真技能知识点分散到 11 个项目中，由易到难，循序渐进地学习，使理论服务于应用。在每个项目中遵循"用到什么就讲什么"的原则，并将知识点分解为不同的独立完成的任务。本书最后一个项目还专门安排了综合应用，可以将模拟电路和数字电路中重要的知识点加以巩固，在实验条件有限的情况下替代真实的实训环节。

　　本书由南阳广播电视大学赵永杰副教授和河南信息工程学校王国玉高级工程师担任主编。参编老师分工如下：王国玉编写项目一；南阳农业学校的蔡永超编写项目二；安阳市电子信息学校的刘志明编写项目三；郑州市电子信息工程学校的李良老师编写项目四；平顶山市财经学校的景伟华老师编写项目五；河南经济管理学校的李晗老师编写项目六；南阳市第四中等职业学校的侯建胜老师编写项目九；赵永杰编写项目七、项目八、项目十和项目十一。全书由赵永杰统稿。

　　本书由南阳理工学院电子与电气工程系徐源博士担任主审，他对全书进行了认真、仔细的审阅，提出了许多具体、宝贵的意见，在此表示诚挚的谢意。

　　由于编者水平有限，书中难免有疏漏之处，敬请广大读者批评指正。

编　者

2011 年 12 月

目　　录

项目一

直流电路仿真

项目情境创设

20 世纪 80 年代开始,随着计算机技术的迅速发展,电子电路的分析与设计方法发生了重大变革,一大批各具特色的优秀 EDA 软件的出现改变了以定量估算和电路实验为基础的电路设计方法。通过 EDA 软件对电路进行仿真分析,不必构造具体的物理电路,也不必使用实际的测试仪器,就可以基本确定电路的工作性能。

项目学习目标

	学习目标	学习方式	学　　时
技能目标	① 了解 Multisim 10 的启动、界面; ② 掌握元件放置、连线等基本操作; ③ 掌握万用表测量电量,验证电路理论	学生上机操作,教师指导、答疑。 重点:原理图元件的放置、万用表测量电量	4 课时
知识目标	① 了解 Multisim 10 的特点; ② 熟悉 Multisim 10 的用户界面; ③ 掌握数字万用表的使用方法	教师讲授	2 课时

项目基本功

一、项目基本技能

任务一　欧姆定律的验证

1. 欧姆定律

欧姆定律:对于线性电阻元件,在电压和电流取关联参考方向下,在任何时刻电阻两端的电压和通过电阻的电流成正比,即

$$u = Ri \qquad\qquad (1-1)$$

式(1-1)中,R 称为元件的电阻,简称电阻,R 是一个正实常数。当电压单位用 V(伏特),电流单位用 A(安培)表示时,电阻的单位为 Ω(欧姆)。由于电压和电流的单位是 V 和 A,因此电

阻元件的特性称为伏安特性。线性电阻元件的伏安特性是通过原点的一条直线,直线的斜率即是电阻 R 的值。线性电阻元件的图形符号如图 1-1(a)所示,伏安特性如图 1-1(b)所示。

2. 仿真实验与分析

实验电路如图 1-2 所示,在 Multisim 中绘制电路图并进行仿真实验的步骤如表 1-1 所示。

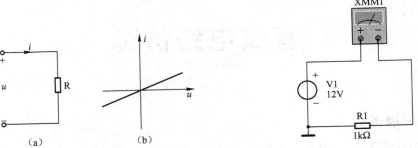

图 1-1　电阻元件及其伏安特性　　　　　图 1-2　欧姆定律实验电路

表 1-1　欧姆定律仿真实验的步骤

步骤	操 作 过 程	操作界面图
(1)	执行菜单【开始】→【程序】→【National Instruments】→【Circuit Design Suite 10.0】→【Multisim】命令,如图 1-3 所示,即可启动 Multisim10.0 软件,也可以通过单击桌面快捷图标启动	图 1-3　启动 Multisim10.0 菜单
(2)	执行菜单【文件】→【新建】→【原理图】命令,如图 1-4 所示,系统就新建了一个名为"电路 1"的原理图文件	图 1-4　新建原理图文件
(3)	单击元器件工具栏按钮 ,或执行菜单【放置】→【Component】命令,系统弹出【选择元件】对话框,如图 1-5 所示	图 1-5　【选择元件】对话框

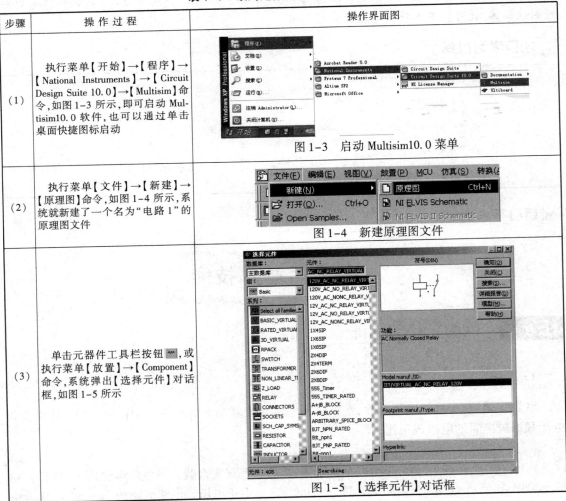

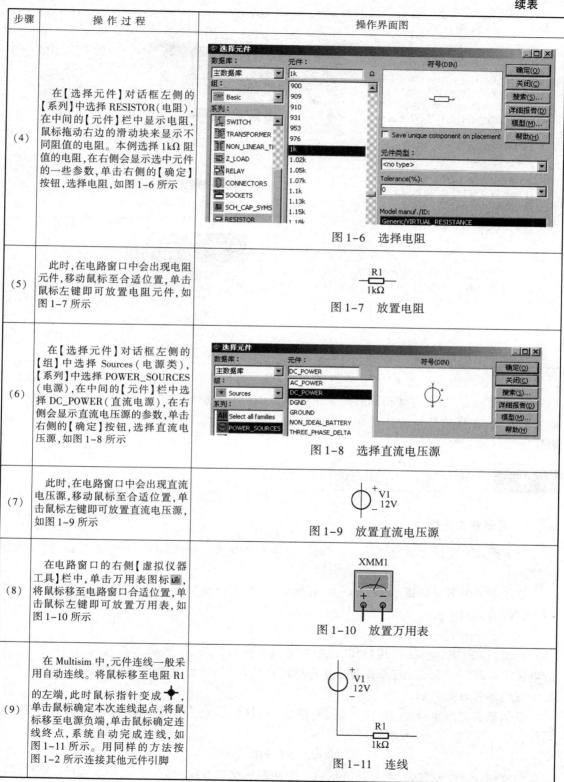

步骤	操 作 过 程	操作界面图
(4)	在【选择元件】对话框左侧的【系列】中选择 RESISTOR（电阻），在中间的【元件】栏中显示电阻，鼠标拖动右边的滑动块来显示不同阻值的电阻。本例选择 1kΩ 阻值的电阻，在右侧会显示选中元件的一些参数，单击右侧的【确定】按钮，选择电阻，如图 1-6 所示	图 1-6　选择电阻
(5)	此时，在电路窗口中会出现电阻元件，移动鼠标至合适位置，单击鼠标左键即可放置电阻元件，如图 1-7 所示	图 1-7　放置电阻
(6)	在【选择元件】对话框左侧的【组】中选择 Sources（电源类），【系列】中选择 POWER_SOURCES（电源），在中间的【元件】栏中选择 DC_POWER（直流电源），在右侧会显示直流电压源的参数，单击右侧的【确定】按钮，选择直流电压源，如图 1-8 所示	图 1-8　选择直流电压源
(7)	此时，在电路窗口中会出现直流电压源，移动鼠标至合适位置，单击鼠标左键即可放置直流电压源，如图 1-9 所示	图 1-9　放置直流电压源
(8)	在电路窗口的右侧【虚拟仪器工具】栏中，单击万用表图标，将鼠标移至电路窗口合适位置，单击鼠标左键即可放置万用表，如图 1-10 所示	图 1-10　放置万用表
(9)	在 Multisim 中，元件连线一般采用自动连线。将鼠标移至电阻 R1 的左端，此时鼠标指针变成，单击鼠标确定本次连线起点，将鼠标移至电源负端，单击鼠标确定连线终点，系统自动完成连线，如图 1-11 所示。用同样的方法按图 1-2 所示连接其他元件引脚	图 1-11　连线

步骤	操作过程	操作界面图
(10)	在图1-8所示的【选择元件】对话框中,在中间的【元件】栏中选择 GROUND(地),单击右侧的【确定】按钮,选择接地符号,如图1-12所示。将鼠标移至电路窗口直流电压源负端合适位置,单击鼠标左键,即可放置接地符号,将电源负极设置为电压参考点	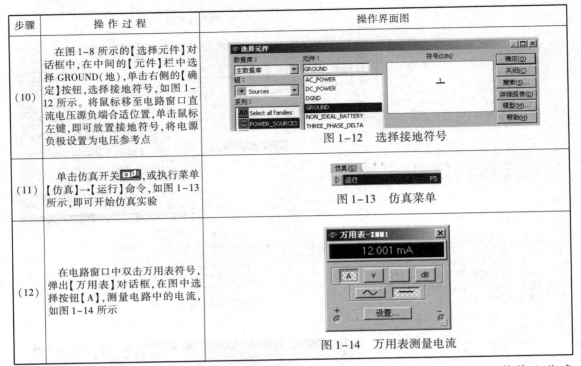图1-12 选择接地符号
(11)	单击仿真开关,或执行菜单【仿真】→【运行】命令,如图1-13所示,即可开始仿真实验	图1-13 仿真菜单
(12)	在电路窗口中双击万用表符号,弹出【万用表】对话框,在图中选择按钮【A】,测量电路中的电流,如图1-14所示	图1-14 万用表测量电流

为了验证欧姆定律的正确性,将电阻两端电压、万用表测得的电流和电阻阻值代入公式(1-1),等式成立,欧姆定律得到验证。在图1-2中改变电压源电压,多次测量电流,得到一组电压电流值,在直角坐标系中按照电压电流的大小绘制图形,可得到类似图1-1(b)所示的电阻伏安特性图。

任务二 基尔霍夫定律的验证

1. 基尔霍夫定律

基尔霍夫定律是分析与计算电路的基本定律,它由两个定律组成,分别是电流定律和电压定律。

基尔霍夫电流定律指出,在节点上,任何时刻,所有流出节点的支路电流的代数和恒等于零,或写作:

$$\Sigma I = 0 \qquad (1-2)$$

公式(1-2)中,电流的"代数和"是根据电流是流出节点还是流入节点判断的,若流出节点的电流前面取"+"号,则流入节点的电流前面取"-"号,电流是流出节点还是流入节点均根据电流的参考方向判断。

基尔霍夫电压定律指出,任何时刻,沿任一回路,所有支路电压的代数和恒等于零,或写作:

$$\Sigma U = 0 \qquad (1-3)$$

公式(1-3)在取和时,需要任意指定一个回路的绕行方向,凡支路电压的参考方向与回路的绕行方向一致者,该电压前面取"＋"号,支路电压参考方向与回路绕行方向相反者,前面取"－"号。

2. 仿真实验与分析

基尔霍夫电流定律实验电路如图1-15(a)所示,对于节点 A,有 3 条支路,分别用 3 个万用表测量 3 条支路的电流,仿真测量结果如图1-15(b)所示。R1 支路电流为 90mA,流入节点 A;R2 支路电流为 60mA,流入节点 A;R3 支路电流为 150mA,流出节点 A。假设流入节点电流为正,流出节点电流为负,那么,根据公式(1-2)可得:

$$90 + 60 - 150 = 0$$

等式成立,基尔霍夫电流定律得到验证。

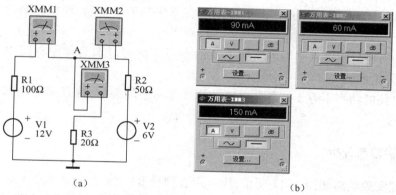

图 1-15　基尔霍夫电流定律实验电路及测量结果

基尔霍夫电压定律实验电路如图1-16(a)所示,分别用 3 个万用表测量 3 个电阻两端的电压,仿真测量结果如图1-16(b)所示。R1 两端电压为 9V;R2 两端电压为 3V;R3 两端电压为 3V。假设回路的绕行方向为顺时针方向,对于 V1、R1 和 R3 组成的回路,根据公式(1-3)可得:

$$-12 + 9 + 3 = 0$$

对于 V2、R2 和 R3 组成的回路,根据公式(1-3)可得:

$$-3 + (-3) + 6 = 0$$

等式成立,基尔霍夫电压定律得到验证。

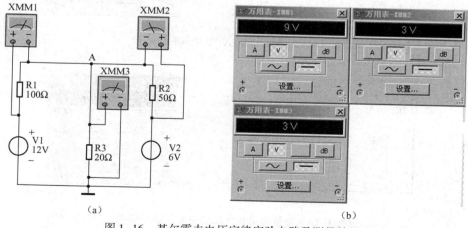

图 1-16　基尔霍夫电压定律实验电路及测量结果

任务三　叠加定理的验证

1. 叠加定理

叠加定理:线性电阻电路中,任一电压或电流都是电路中各个独立电源单独作用时,在该处产生的电压或电流的叠加。

使用叠加定理时应注意以下几点:

(1)叠加定理适用于线性电路,不适用于非线性电路。

(2)在叠加的各分支电路中,不作用的电压源置零,在电压源处用短路代替;不作用的电流源置零,在电流源处用开路代替。电路中所有电阻都不予更动,受控源则保留在各分支电路中。

(3)叠加时各分支电路中的电压和电流的参考方向可以取为与原电路中的相同。取和时,应注意各分量前的" + "、" − "号。

(4)原电路的功率不等于按各分电路计算所得功率的叠加,这是因为功率是电压和电流的乘积。

2. 仿真实验与分析

叠加定理实验电路如图 1–17 所示,用万用表测量 R3 支路的电流为 3.5A。

1A 电流源单独作用时,电压源置零,用短路代替,用万用表测量 R3 支路的电流为 0.5A,如图 1–18 所示。

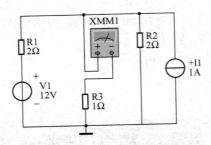
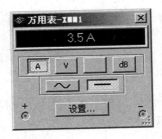

图 1–17　叠加定理实验电路及测量结果

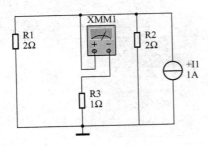
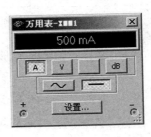

图 1–18　电流源单独作用的电路及测量结果

12V 电压源单独作用时,电流源置零,用开路代替,用万用表测量 R3 支路的电流为 3A,如图 1-19 所示。

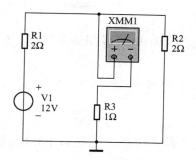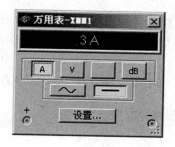

图 1-19　电压源单独作用的电路及测量结果

从图中万用表测量 R3 支路电流的结果可见,R3 支路的电流等于各个电压源和电流源单独作用时,在 R3 上产生的电流的叠加,满足叠加定理。

进一步实验,若在图 1-17 至图 1-19 中分别测量 R3 两端电压,也满足叠加定量。如果在 R3 支路串联一个正向导通的二极管 1N1202C,如图 1-20 所示,R3 支路的电流为 3.163A,12V 电压源单独作用时电流为 2.669A,1A 电流源单独作用时电流为 0.238A,由于电路中有非线性元件二极管,不再满足叠加定理,显然与测量结果相符合。如果图 1-17 中万用表用功率表代替,测量 R3 的功率,如图 1-21 所示,R3 的功率为 12.25W,12V 电压源单独作用时 R3 的功率为 9W,1A 电流源单独作用时 R3 的功率为 0.25W,功率不再满足叠加定理,与测量结果也相符合。

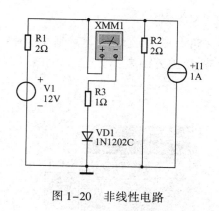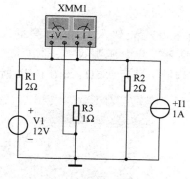

图 1-20　非线性电路　　　　　　　　图 1-21　测量功率电路

任务四　戴维南定理的验证

1. 戴维南定理

戴维南定理:任一含独立电源、线性电阻和受控源的二端网络,对外电路而言,可等效为一个电压源 U_{OC} 和电阻 R_0 的串联支路。其中,U_{OC} 为该二端网络的开路电压,R_0 为该二端网络中全部独立电源置零后的等效电阻。

应用戴维南定理分析电路的步骤如下：

（1）断开所求支路，确定有源二端网络。

（2）从支路断开处求有源二端网络的开路电压。

（3）从支路断开处求无源二端网络的等效电阻（电压源用短路代替，电流源用开路代替）。

（4）作出戴维南等效电路，将待求支路接回，求待求支路的电流或电压。

2. 仿真实验与分析

戴维南定理实验电路如图 1-22 所示，将 R3 支路作为待求支路，在 R3 支路接入两个万用表，分别测量 R3 支路的电压和电流，测得电压 12V，电流 3A。

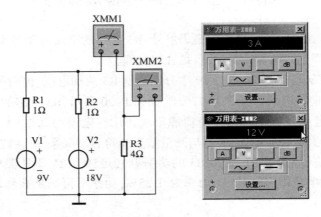

图 1-22　戴维南定理实验电路及测量结果

断开 R3 支路，接入万用表，测量二端网络的开路电压 U_{OC}，电压测量结果为 13.5V，如图 1-23 所示。将电压源置零，即电压源用短路代替，接入万用表，测量二端网络的等效电阻 R_0，电阻测量结果为 0.5Ω，如图 1-24 所示。

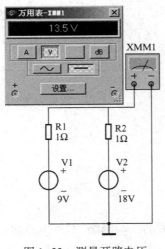

图 1-23　测量开路电压

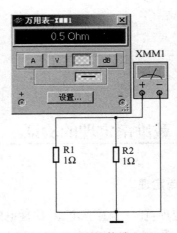

图 1-24　测量等效电阻

　　根据戴维南定理,断开 R3 支路后的二端网络等效为一个 13.5V 电压源和一个 0.5Ω 电阻的串联支路,将待求支路 R3 接入,如图 1-25 所示。在 R3 支路接入两个万用表,分别测量 R3 支路的电压和电流,测得电压 12V,电流 3A。测量结果表明,对于 R3 支路的电压和电流在二端网络等效前后是相等的,说明电路是等效的,戴维南定理得到验证。

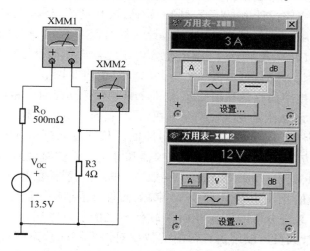

图 1-25　戴维南定理等效电路及测量结果

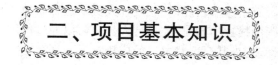

知识点一　Multisim 简介

　　从事电子产品设计和开发等工作的人员经常需要对所设计的电路进行实物模拟和调试,其目的有两个,一方面是为了验证所设计的电路是否能达到设计要求的技术指标,另一方面通过调整电路中元器件的参数使整个电路的性能达到最佳。而这种实物模拟和调试的方法不但费时费力,而且其结果的准确性受到实验条件、实验环境、实物制作水平等因素的影响,因而工作效率很低。随着计算机技术的迅速发展,电子电路的分析和设计方法也发生了重大变革,一大批各具特色的优秀 EDA 软件的出现改变了以定量估算和电路实验为基础的电路设计方法,Multisim 软件便是其中之一。

1. EDA 技术概述

　　EDA 是 Electronic Design Automation 的缩写,即电子设计自动化。所谓电子电路设计的 EDA 方法,就是使用 EDA 工具软件进行电子电路设计的一种电子产品设计方法。它是一种自上而下的设计方法,它从系统设计入手,先在顶层进行功能划分、行为描述和结构设计,然后在底层进行方案设计和验证、电路设计与印制电路板(PCB)设计、专用集成电路(ASIC)设计等。这种方法花费少、效率高、周期短、功能强、应用范围广,是当今电子设计的主流手段。目前,在这种方法中,除系统设计、功能划分和行为描述外,其余工作都由计算机自动完成。随着计算机硬件水平的提高,以及 Multisim、Protel、OrCAD、Proteus、PSpice 和 MATLAB 等 EDA 工具软件的发展完善,这种方法的设计效率会大幅度提高,并将对电子产业乃至其他相关产业产生深远影响。

EDA 工具软件具有以下功能:

(1) 电路设计。电路设计主要指原理图的设计、PCB 设计、ASIC 设计、可编程逻辑器件设计和单片机(MCU)的设计。具体来说,就是设计人员可以在 EDA 软件的图形编辑器中,利用软件提供的图形工具(包括通用绘图工具和包含电子元器件图形符号及外观图形的元器件图形库)准确、快捷地画出产品设计所需要的电路原理图和 PCB 图。

(2) 电路仿真。电路仿真是利用 EDA 软件工具的模拟功能对电路环境(含电路元器件及测试仪器)和电路过程(从激励到响应的全过程)进行仿真。这个工作对应着传统电子设计中的电路搭建和性能测试,即设计人员将目标电路的原理图输入到由 EDA 软件建立的仿真器中,利用软件提供的仿真工具(包括仿真测试仪器和电子器件仿真模型的参数库)对电路的实际工作情况进行模拟,其模拟的真实程度主要取决于电子元器件仿真模型的逼真程度。由于不需要真实电路环境的介入,因此花费少、效率高,而且显示结果快捷、准确、形象。

(3) 系统分析。系统分析就是应用 EDA 软件自带的仿真算法包对所设计电路的系统性能进行仿真计算,设计人员可以用仿真得出的数据对该电路的静态特性(如直流工作点等静态参数)、动态特性(如瞬态响应等动态参数)、频率特性(如频谱、噪声、失真等频率参数)、系统稳定性(如系统传递函数、零点和极点参数)等系统性能进行分析,最后,将分析结果用于改进和优化该电路的设计。有了这些功能以后,设计人员就能以简单、快捷的方式对所设计电路的实际性能做出较为准确的描述。同时,非设计人员也可以通过使用 EDA 软件的这些功能深入了解实际电路的综合性能,为其对这些电路的应用提供依据。

对于电子爱好者来说,EDA 软件的出现大大地改进了其学习电子线路的方法,提高了学习电子线路相关知识的效率。

2. EWB 与 Multisim

EWB 是 Electronics Workbench 的缩写,意思是电子工作台,是加拿大 Interactive Image Technologies 公司(简称 IIT 公司)20 世纪 80 年代推出的一种在电子技术领域广泛应用的优秀计算机仿真设计软件,被誉为"计算机里的电子实验室"。

EWB 的设计实验工作区好像一块"面包板",在上面可建立各种电路进行仿真实验。电子工作平台的元器件库可提供几千种常用元器件,用户设计和实验时可任意调用。EWB 的特点是系统高度集成,界面直观,操作方便,主要表现在元器件的选取、电路的输入、虚拟仪表的使用及进行各种分析都可以在屏幕窗口直接操作,与实物一样直观。EWB 的电路分析手段完备,共有 14 种不同的分析方法,包括对电路基本参数的分析、电路特性的分析、电路结果误差,还可以进行参数扫描、温度扫描、极点/零点等其他参量的分析。同时还具有数字、模拟及模拟/数字混合电路的仿真能力,提供了多种常用的虚拟仪表。另外,还有一个图形分析窗口,可用于检测、调整及存储曲线和资料对照图表。

但随着电子技术的飞速发展,低版本的 EWB 仿真设计功能已远远不能满足新的电子线路的仿真与设计要求。EWB 软件也在进行不断升级,国内常见的版本有 EWB4.0、EWB5.0。发展到 5.x 版本以后,IIT 公司对 EWB 进行了较大的变动,软件名称也变为 Multisim V6。到了

2001 年,又升级为 Multisim 2001,允许用户自定义元器件的属性,可以把一个子电路当做一个元件使用,并且建设了 EdaPARTS. com 网站,为用户提供元器件模型的扩充和技术支持。2003 年,又做了较大的改进,升级为 Multisim 7,增加了 3D 元件及安捷伦的万用表、示波器、函数信号发生器等仿实物的虚拟仪表,使得虚拟电子工作平台更加接近实际的实验平台。2004 年推出了 Multisim 8,增加了射频电路仿真功能,增加了瓦特计、失真仪、频谱分析仪、网络分析仪等测试仪表,还支持 VHDL 和 Verilog 语言的电路仿真与设计。

2005 年以后,加拿大 IIT 公司隶属于美国国家仪器公司(National Instrument,NI),NI 公司于 2005 年 12 月推出了 Multisim 9,使得工程师有了一个从采集到模拟,再到测试及运用的紧密集成、终端对终端的电子设计解决方案。

2007 年,NI 公司又推出 NI Multisim 10 版本,它不仅仅局限于电子电路的虚拟仿真,在 LabVIEW 虚拟仪器、单片机仿真等技术方面都有更多的创新和提高,属于 EDA 技术的更高层次范畴。本书采用的是 NI Multisim 10 版本,着重介绍其在电子电路仿真方面的深入应用。

3. Multisim 10 的特点

Multisim 有增强专业版(Power Professional)、专业版(Professional)、个人版(Personal)、教育版(Education)、学生版(Student)和演示版(Demo)等多个版本,不同版本的功能和价格有明显的差异,从公司网站上可以下载最新版本的试用版。NI 公司的网站为 http://www. ni. com,中文网站为 http://www. ni. com/multisim/zhs。

和以往版本相比,Multisim 10 具有下列特点:

(1) 该软件是交互式 Spice 仿真和电路分析软件的最新版本,专用于原理图捕获、交互式仿真、电路板设计和集成测试。

(2) 用户可以使用 Multisim 10 交互式地搭建电路原理图,并对电路行为进行仿真。

(3) 为电子学教育平台提供了一个强大的基础,它包括 NI ELVIS(教学实验室虚拟仪器套件)原型工作站和 NI LabVIEW,能给学生提供一个贯穿电子产品设计流程的全面的动手操作经验。

(4) Multisim 10 推出了很多专业设计特性,主要有高级仿真工具、增强的元器件库和扩展的用户社区。

(5) 具有丰富的帮助功能,有利于使用 EWB 进行 CAI 教学。

知识点二 **Multisim 10 的用户界面及设置**

1. Multisim 10 的用户界面

执行菜单【开始】→【程序】→【National Instruments】→【Circuit Design Suite 10. 0】→【Multisim】命令,启动 Multisim 10 程序,运行后,弹出如图 1-26 所示的 Multisim 10 用户界面。

从图 1-26 可以看出,Multisim 10 的用界面由以下几个基本部分组成。

菜单栏:该软件的所有功能均可在此找到。

标准工具栏:该工具栏中的按钮是常用的功能按钮。

虚拟仪器工具栏:Multisim 10 的所有虚拟仪器仪表按钮均可在此找到。

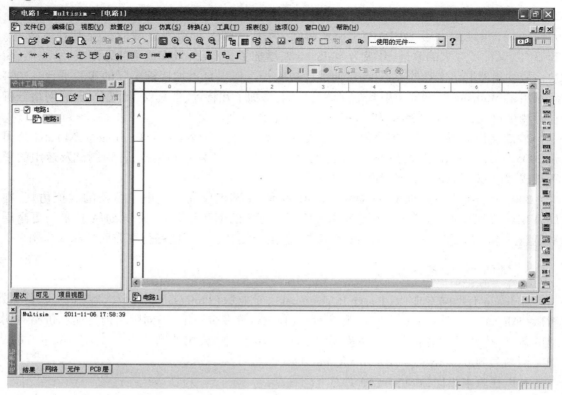

图 1-26 Multisim10 用户界面

元器件工具栏:提供电路图中所需的各类元器件。

电路窗口:即电路工作区,该工作区是用来创建、编辑电路图及进行仿真分析、显示波形的地方。

状态栏:主要用于显示当前的操作及鼠标指针所指条目的有关信息。

设计工具箱:利用该工具箱可以把有关电路设计的原理图、PCB 图、相关文件、电路的各种统计报告进行分类管理,还可以观察分层电路的层次结构。

电子元件属性视窗:该视窗是当前电路元件的统计窗口,可显示结果、网络、元件和 PCB 层等信息。

1) 菜单栏

菜单栏提供了该软件的绝大部分功能命令,如图 1-27 所示。

文件(F) 编辑(E) 视图(V) 放置(P) MCU 仿真(S) 转换(A) 工具(T) 报表(R) 选项(O) 窗口(W) 帮助(H)

图 1-27 Multisim 10 菜单栏

文件菜单:用来对电路文件进行管理。

编辑菜单:用来对电路窗口中的电路图或元器件进行编辑操作。

视图菜单:用来显示或隐藏电路窗口中的某些内容(如电路图的放大/缩小、工具栏、栅格、纸张边界等)。

放置菜单:提供在电路工作窗口内放置元器件、连接点、总线和文字等命令。

MCU(单片机)菜单:用来对电路工作窗口内 MCU 的调试操作命令。

仿真菜单:用于对电路仿真的设置与操作。

转换菜单:用于将 Multisim 10 的电路文件或仿真结果输出到其他应用软件。

工具菜单:用来编辑或管理元器件库或元器件命令。

报表菜单:用来产生当前电路的各种报表。

选项菜单:用于定制软件界面和某些功能的设置。

窗口菜单:用于控制 Multisim 10 窗口的显示。

帮助菜单:为用户提供在线技术帮助和指导。

2）工具栏

Multisim 10 工具栏中主要包括标准工具栏、主工具栏、视图工具栏、元件工具栏、仿真开关和虚拟仪器工具栏等。由于工具栏是浮动窗口,所以对于不同用户显示会有所不同,工具栏可以随意拖动。如果找不到需要的工具栏,可以通过执行菜单【视图】→【工具栏】命令,在其子菜单中添加。

标准工具栏:功能如图 1-28 所示,其基本功能与 Windows 的同类应用软件类似。

主工具栏:功能如图 1-29 所示。

图 1-28　标准工具栏

图 1-29　主工具栏

视图工具栏:功能如图 1-30 所示,其基本功能与 Windows 的同类应用软件类似。

仿真开关:提供启动仿真的开关和暂停开关,如图 1-31 所示。

图 1-30　视图工具栏

图 1-31　仿真开关

元件工具栏:Multisim 10 将所有元器件分为 16 类,加上分层模块和总线,共同组成元器件工具栏,如图 1-32 所示,单击每个元器件按钮,可以打开元器件库的相应类别,并选中该分类库。

图 1-32　元件工具栏

虚拟仪器工具栏:如图 1-33 所示,它通常位于电路窗口的右边,也可以将其拖到菜单栏的下方。使用时,单击所需仪器仪表的工具栏按钮,将该仪器仪表添加到电路窗口中,即可在电路中使用该仪器仪表。

图 1-33　虚拟仪器工具栏

3）电路窗口

电路窗口是用来进行创建、编辑电路图,仿真分析及波形显示的地方。

4）设计工具箱

设计工具箱一般位于窗口的左侧,如图1-34所示,利用该工具箱,可以把有关电路设计的原理图、PCB图、相关文件、电路的各种统计报告分类进行管理,还可以观察分层电路的层次结构。

5）电路元件属性视窗

电路元件属性视窗一般位于窗口的底部,如图1-35所示,该视窗是当前电路文件中所有属性的统计窗口,通过该视窗可以改变部分或全部元件的某一属性。

图1-34 设计工具箱

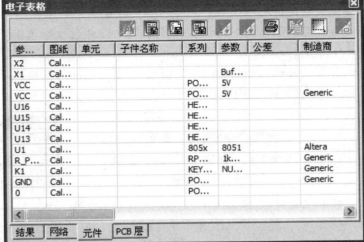

图1-35 电路元件属性视窗

2. Multisim 10 的界面设置

界面设置是指用户利用软件提供的功能,定制界面以符合自己的工作习惯和喜好。Multisim 10 向用户提供了 3 种定制 Multisim 界面的功能。

1）定制软件操作界面

在主菜单或主工具栏中单击鼠标右键,在弹出的快捷菜单中选择【Customize】(用户自定义)命令,弹出如图1-36所示的对话框,然后在【Toolbars】选项卡中设定。

也可以打开主菜单中的选项菜单,选择菜单内的【Customize User Interface】(用户自定义),设定操作界面的内容和显示方式。

还可以打开主菜单中的【Edit】菜单,选择菜单内有关界面操作的选项,设定操作界面的内容和显示方式。

2）定制右键菜单

在主菜单或主工具栏中右击,在弹出的快捷菜单中选择【Customize】命令,弹出【自定义】对话框,然后在【菜单】选项卡中设定,如图1-37所示。在【Context Menus】(菜单项目)选项区域中进行如下设置:第一步,选择要编辑的菜单;第二步,对所弹出的右键菜单进行命令删除或更改操作;第三步,如果需要添加命令,打开【命令】选项卡,找到需要添加的命令后,将其拖动到右键菜单中即可。

图 1-36　【自定义】对话框

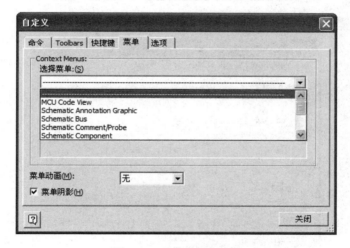

图 1-37　【菜单】选项卡

3)定制电路文件工作界面

(1)Global Preferences(首选项)。

【首选项】对话框的设置是对 Multisim 界面的整体改变,下次再启动时按照改变后的界面运行。执行菜单【选项】→【Global Preferences】命令,弹出如图 1-38 所示的【首选项】对话框,它有 4 个标签。

路径:元件库、电路图、用户设置等文件的存储位置,系统默认为 Multisim 10 的安装目录。需要修改存储位置时,单击右侧的按钮,选择需要的路径。

保存:可以设置电路图安全备份、电路图自动保存、自动保存时间间隔、将仿真结果与仪器一起保存、指定保存仿真结果的大小等功能。

零件:如图 1-39 所示,可以设置放置元件方式、符号标准、正相位移方向、数字仿真设置等。其中符号标准,ANSI 为美国电气标准,DIN 为欧洲标准。我国采用的元器件符号标准与欧洲接近。

常规：可以设置选择方式、鼠标行为、自动连线和语言等。

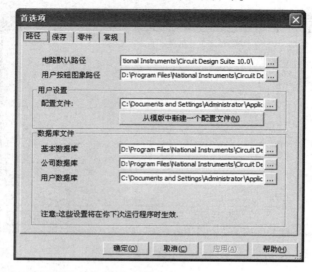

图 1-38 【首选项】对话框

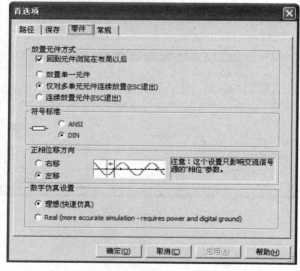

图 1-39 【零件】选项卡

（2）Sheet Properties（表单属性）。

执行菜单【选项】→【Sheet Properties】命令，弹出如图 1-40 所示的【表单属性】对话框，它有 6 个标签，基本包括了所有 Multisim 10 电路图工作区设置的选项。

电路：可以设置元件、网络名字、总线入口的显示方式及背景颜色等。

工作区：可以设置电路工作区显示方式的控制、图纸大小和方向等。

配线：用来设置连接线的宽度和总线连接方式。

字体：可以设置字体、选择字体的应用项目及应用范围等。

PCB：选择与制作电路板相关的选项，如地、单位、信号层等。

可见:设置电路层是否显示,还可以添加注释层。

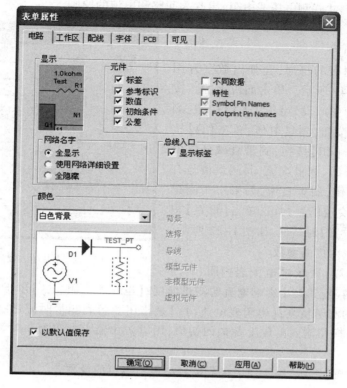

图 1-40　【表单属性】对话框

知识点三　数字万用表

　　虚拟数字万用表(Multimeter)和实验室里使用的数字万用表一样,是一种多用途的常用仪表,它能完成交流或直流电压、电流和电阻的测量显示,也可以用分贝(dB)形式显示电压和电流。

1. 连接

数字万用表的图标、符号图和面板如图 1-41 所示。

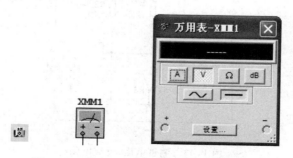

图 1-41　数字万用表的图标、符号图和面板

数字万用表的符号图上的"＋"、"－"两个端子用来连接所要测量的端点,与实际测量一样,连接时必须遵循并联测电压或电阻、串联入回路测电流的原则。

2. 面板操作

双击数字万用表的符号,会弹出数字万用表的面板,如图 1-41 所示。单击面板上的各按钮可进行相应的操作或设置:单击【A】按钮,测量电流;单击【V】按钮,测量电压;单击【Ω】按钮,测量电阻;单击【dB】按钮,测量衰减分贝值(dB);单击【～】按钮,测量交流,其测量值是有效值;单击【—】按钮,测量直流,如果用于测量交流,其测量值是交流的平均值;单击【设置】按钮,弹出【万用表设置】对话框,如图 1-42 所示,可设置数字万用表内部的参数。

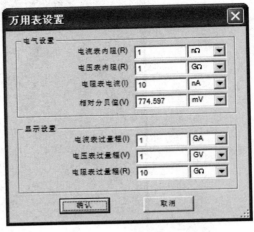

图 1-42 【万用表设置】对话框

(1)【电气设置】区域:【电流表内阻(R)】用于设置电流表内阻,其大小影响电流的测量精度;【电压表内阻(R)】用于设置电压表内阻,其大小影响电压的测量精度;【电阻表电流(I)】是指用欧姆表测量时流过欧姆表的电流;【相对分贝值(V)】是指在输入电压上叠加的初值,用以防止输入电压为 0 时无法计算分贝值的错误。

(2)【显示设置】区域:用于设定被测值自动显示单位的量程。

3. 使用举例

(1) 测量电压、电流,如图 1-43 所示。将万用表 XMM1 串联于 12 V 电源支路上,单击面板【A】按钮,测量电源提供的总电流;将万用表 XMM2 和 XMM3 分别并联于 R2 和 R3 两端,单击面板【V】按钮,测量各自的电压。在所在万用表上单击【—】按钮,其测量结果如图 1-44 所示。

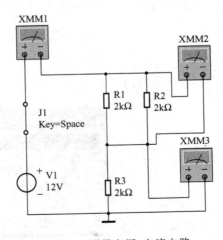

图 1-43 测量电压、电流电路

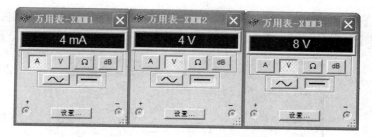

图 1-44　电压、电流测量结果

（2）测量电阻，在图 1-43 所示电路中，断开开关 J1，单击 XMM2 和 XMM3 面板的【Ω】按钮，其测量结果如图 1-45 所示。

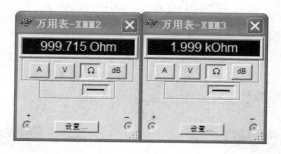

图 1-45　电阻测量结果

知识点四　电压表和电流表

Multisim 10 提供的显示元件库中包括电压表（VOLTMETER）和电流表（AMMETER），它们可以直接显示电压值或电流值。

1. 连接

在显示元件库中选择电压表和电流表，它们的符号图如图 1-46 所示。电压表和电流表旁边的 DC 是直流工作模式，它也可以工作于 AC（交流工作模式），后面的数字表示内阻。

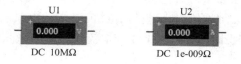

图 1-46　电压表和电流表的符号图

电压表和电流表在使用中没有数量限制，旋转之后可以改变其引出线的方向。电流表用来测量支路中的电流，应串联在测量支路中；电压表用来测量电路中两点之间的电压，测量时应和被测电路并联。

2. 面板操作

双击电压表或电流表，会弹出电压表或电流表的属性对话框，如图 1-47 所示为【电压表】

属性对话框。在【参数】选项卡中可改变其工作模式和内阻,电压表预置的内阻为10MΩ,工作模式有直流和交流两种。

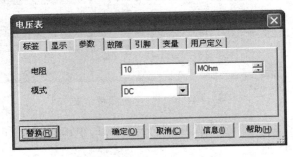

图1-47　【电压表】属性对话框

3. 使用举例

在图1-48所示电路中,打开仿真开关,电流表和电压表的测量值直接显示在符号中间,在仿真过程中若改变了电路的某些参数,要重新启动仿真再读数。

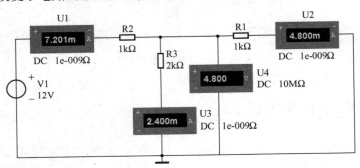

图1-48　电压表和电流表测量电压和电流

知识点五　功率表

功率表又称瓦特表(Wattmeter),是用来测量电路的交流或直流功率的一种仪器。它测得的是电路的有效功率,即电路终端的电压差与流过该终端的电流的乘积,单位为瓦特。此外,功率表还可以测量功率因数,即通过计算电压与电流相位差的余弦而得到。

1. 连接

功率表的图标、符号图和面板如图1-49所示。

功率表有两组端子,左边为电压输入端子,与要测量电路并联;右边为电流输入端子,与要测量电路串联。

2. 面板操作

在功率表的面板中没有可以设置的选项,只包括两个条形的显示框,一个用于显示功率,另一个用于显示功率因数。

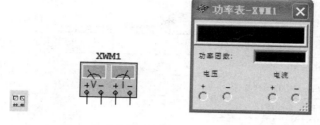

图 1-49 功率表的图标、符号图和面板

3. 应用举例

用功率表测量直流电路中电阻的功率及功率因数,功率表电压输入端并联于 R1 两端,电流输入端串联在回路中,电路连接和测量结果如图 1-50 所示。

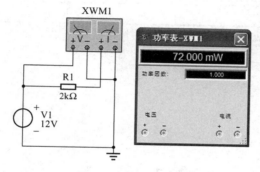

图 1-50 功率表的应用

项目学习评价

一、思考练习题

1. Multisim 10 与以前的 EWB 软件相比有哪些改进?
2. 在 Multisim 10 中如何显示和隐藏工具栏?它有哪些工具栏?
3. Multisim 10 有哪些特点?

二、技能训练题

分别利用叠加定理和戴维南定理求图 1-51 中电阻 R3 的电流和电压,并进行验证。

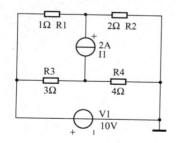
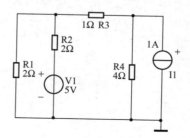

图 1-51

三、技能评价评分表

班级：_____ 姓名：_____ 成绩：_____

评价项目	项目评价内容	分值	自我评价	小组评价	教师评价	得分
理论知识	① 说明 Multisim 10 的特点	10				
	② 熟悉 Multisim 10 的用户界面	10				
	③ 说明数字万用表的使用方法	10				
实操技能	① 启动 Multisim 10 软件	10				
	② 放置元件	15				
	③ 用万用表测量电量	15				
	④ 验证电路理论	10				
学习态度	① 出勤情况	6				
	② 课堂纪律	6				
	③ 按时完成作业	8				

项目二

三端稳压电源电路仿真

项目情境创设

在电子电路和电气设备中,通常都需要电压稳定的直流电源供电。直流电源可分为两大类,一类是化学电源,如各种各样的干电池、蓄电池、充电电池等;另一类是稳压电源,它是把交流电网220V的电压降为所需要的数值,然后通过整流、滤波和稳压电路得到稳定的直流电压。

项目学习目标

	学习目标	学习方式	学　时
技能目标	① 掌握变压器、二极管和滤波电路的仿真; ② 掌握三端稳压电源的仿真和参数测试	学生上机操作,教师指导、答疑。重点:三端稳压电源的仿真和参数测试	4 课时
知识目标	① 掌握 Multisim 10 的基本操作; ② 掌握示波器、函数信号发生器和 IV 分析仪的使用方法	教师讲授	2 课时

项目基本功

一、项目基本技能

任务一　变压器仿真

1. 变压器

变压器可将某一电压数值的交流电转换成同频率的另一电压数值的交流电,它主要由铁心和两个或两个以上的绕组组成。变压器的实物示意图和符号如图 2-1 所示。

当变压器一次绕组接电源,二次绕组开路,称为变压器空载运行;当二次绕组接入负载时,称为变压器有载运行。图 2-2 为变压器空载运行原理图。

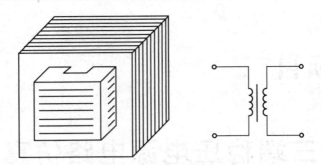

图 2-1 变压器的实物示意图和符号

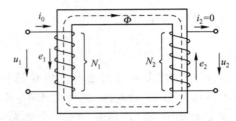

图 2-2 变压器空载运行原理图

变压器空载运行时,在理想状态下,电压变化关系为

$$\frac{U_1}{U_2} = \frac{N_1}{N_2} = k \tag{2-1}$$

式(2-1)表明变压器一次、二次绕组电压的有效值与一次、二次绕组的匝数成正比,比值 k 称为变压比。

变压器有载运行时,在理想状态下,电流变化关系为

$$\frac{I_1}{I_2} = \frac{N_2}{N_1} = \frac{1}{k} \tag{2-2}$$

式(2-2)表明变压器一次、二次绕组电流的有效值与一次、二次绕组的匝数成反比。

2. 仿真实验与分析

变压器仿真实验电路如图 2-3 所示,在 Multisim 中绘制电路图并进行仿真实验的步骤如表 2-1 所示。

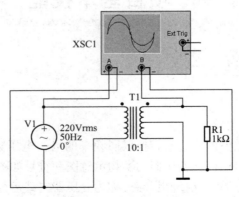

图 2-3 变压器实验电路

表2-1　变压器仿真实验的步骤

步骤	操 作 过 程	操作界面图
(1)	在 Multisim 软件中,执行菜单【文件】→【新建】→【原理图】命令,如图2-4所示,系统会新建一个原理图文件,文件名默认为"电路1"	
(2)	单击元器件工具栏 图标,在弹出的【选择元件】对话框中,【系列】栏选择【POWER_SOURCES】,【元件】栏选择【AC_POWER】(交流电源),单击右侧的【确定】按钮,选择交流电压源,如图2-5所示	
(3)	在电路窗口中双击交流电压源符号,弹出【AC_POWER】属性对话框,在【参数】选项卡中设置参数,【Voltage(RMS)】:220V;【Frequency(F)】:50Hz;其他采用默认值,单击【确定】按钮,将电源修改为220V、50Hz 的交流电源,如图2-6所示	

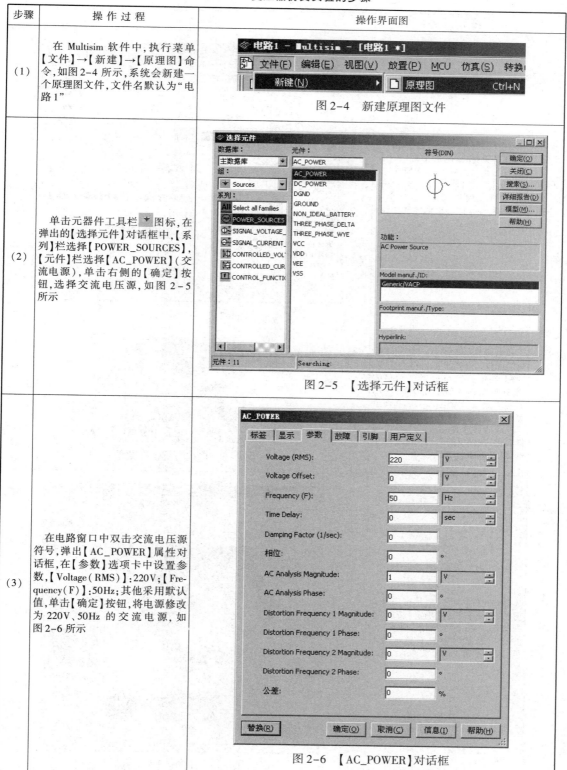

图2-4　新建原理图文件

图2-5　【选择元件】对话框

图2-6　【AC_POWER】对话框

续表

步骤	操 作 过 程	操 作 界 面 图
（4）	单击元器件工具栏 〰 图标，在弹出的【选择元件】对话框中，【系列】栏选择【TRANSFORMER】（变压器），【元件】栏选择【TS_POW-ER_10_TO_1】（匝数 10:1），单击右侧的【确定】按钮，选择变压器，如图 2-7 所示	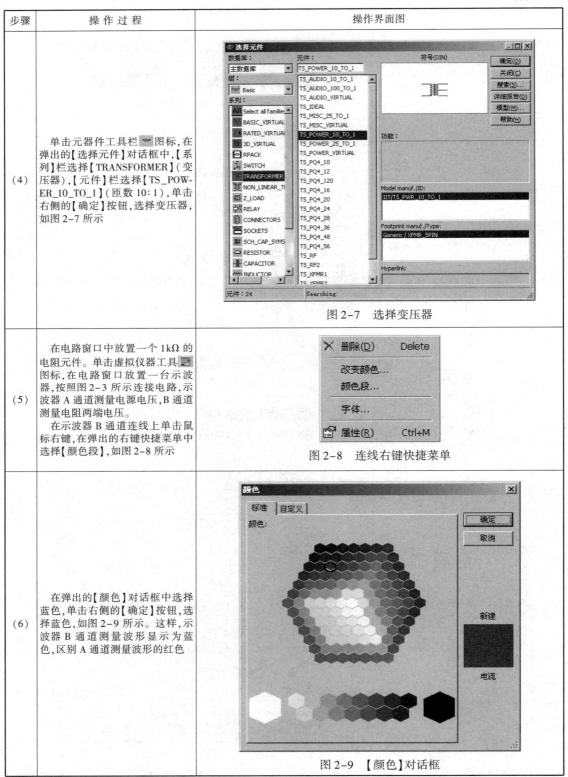 图 2-7　选择变压器
（5）	在电路窗口中放置一个 1kΩ 的电阻元件。单击虚拟仪器工具 🖳 图标，在电路窗口放置一台示波器，按照图 2-3 所示连接电路，示波器 A 通道测量电源电压，B 通道测量电阻两端电压。 在示波器 B 通道连线上单击鼠标右键，在弹出的右键快捷菜单中选择【颜色段】，如图 2-8 所示	✗　删除(D)　　Delete 改变颜色… 颜色段… 字体… 🖼 属性(R)　　Ctrl+M 图 2-8　连线右键快捷菜单
（6）	在弹出的【颜色】对话框中选择蓝色，单击右侧的【确定】按钮，选择蓝色，如图 2-9 所示。这样，示波器 B 通道测量波形显示为蓝色，区别 A 通道测量波形的红色	图 2-9　【颜色】对话框

步骤	操 作 过 程	操 作 界 面 图
（7）	单击仿真开关，或执行菜单【仿真】→【运行】命令，如图2-10所示，即开始仿真实验	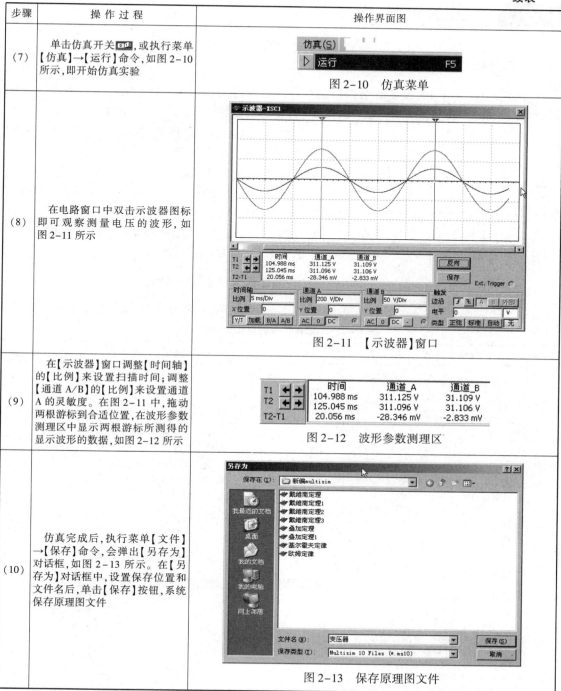图2-10　仿真菜单
（8）	在电路窗口中双击示波器图标即可观察测量电压的波形，如图2-11所示	图2-11　【示波器】窗口
（9）	在【示波器】窗口调整【时间轴】的【比例】来设置扫描时间；调整【通道A/B】的【比例】来设置通道A的灵敏度。在图2-11中，拖动两根游标到合适位置，在波形参数测理区中显示两根游标所测得的显示波形的数据，如图2-12所示	图2-12　波形参数测理区
（10）	仿真完成后，执行菜单【文件】→【保存】命令，会弹出【另存为】对话框，如图2-13所示。在【另存为】对话框中，设置保存位置和文件名后，单击【保存】按钮，系统保存原理图文件	图2-13　保存原理图文件

图2-12显示了测量结果，T1时刻测得的电压为311.125V和31.109V，T2时刻测得的电压为311.096V和31.106V，T2和T1的时间间隔为20.056ms。

交流电压源为220V、50Hz，所以测得的电压峰值约311V，周期约20ms，频率为50Hz。通道A和通道B的电压比值为10，与变压器的匝数比10相同，符合变压器的电压变化关系。

任务二　二极管仿真

1. 二极管

二极管是由一个 PN 结加封装构成的半导体器件,具有单向导电性、反向击穿特性和结电空特性,其伏安特性曲线如图 2-14 所示。

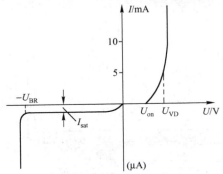

图 2-14　二极管伏安特性曲线

由图 2-14 可以看出,二极管的伏安特性是非线性的,对二极管特性曲线中不同区段的利用,可以构成各种不同的应用电路。利用二极管的单向导电性和正向导通电压变化较小的特点,可以完成信号的整流、检波、限幅、钳位、隔离和元件的保护等;利用二极管的反向击穿特性,可以实现在一定范围内变化时输出电压的稳定,起到稳压作用。

2. 二极管伏安特性测试

二极管伏安特性测试步骤如表 2-2 所示。

表 2-2　二极管伏安特性测试的步骤

步骤	操作过程	操作界面图
(1)	单击元器件工具栏 ⊬ 图标,或执行菜单【放置】→【Component】命令,在电路窗口放置一个二极管 1N1202C,如图 2-15 所示	VD1 1N1202C 图 2-15　放置二极管
(2)	单击虚拟仪器工具 ▦ 图标,在电路窗口放置一台 IV 分析仪(伏安特性分析仪),并将二极管和 IV 分析仪按图 2-16 所示连接	XIV1 VD1 1N1202C 图 2-16　二极管伏安特性测试电路
(3)	单击仿真开关 ✚,或执行菜单【仿真】→【运行】命令,运行仿真。双击 IV 分析仪,在弹出的【IV 分析仪 - XIV1】对话框中,可以观察二极管伏安特性曲线图形,如图 2-17 所示	IV 分析仪-XIV1 元件:Diode 电流范围(A) 对数 线性 F 9.233 kA I -839.396 A 电压范围(V) 对数 线性 F 60 V I -60 V 反向 仿真参数 V_pn　1 nV　212.015 fA 图 2-17　二极管伏安特性曲线

Ⅳ 分析仪得到的图 2-17 所示的伏安特性曲线近似图 2-14 所示的伏安特性曲线。

3. 二极管整流电路实验分析

二极管整流电路如图 2-18 所示,电源为 5V/1kHz 正弦波,示波器测得的波形如图 2-19 所示。

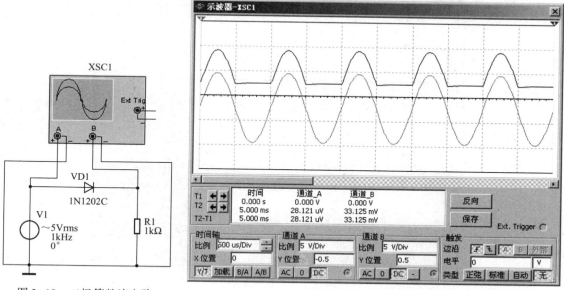

图 2-18　二极管整流电路　　　　　　　　　图 2-19　二极管整流波形

从图 2-19 可以看出,在输入信号的正半周,电阻 R1 电压波形和电源相同,二极管导通;在输入信号的负半周,电阻 R1 电压为零,二极管载止。这与二极管的单向导电性相符合。

4. 桥式整流

在图 2-18 所示的二极管整流电路中,电源的正半周二极管导通,其输出电压为输入交流电压的正半周,也称半波整流。输出的电压平均值小,$U_o \approx 0.45 U_i$,对电源的利用率低,实际中一般采用桥式整流,如图 2-20 所示。

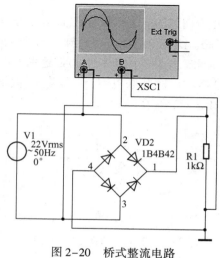

图 2-20　桥式整流电路

桥式整流电路中,无论输入电压是正半周还是负半周,负载的电流方向始终是一个方向,负载的直流电压 $U_o \approx 0.9U_i$。用示波器通道 A 测量输入电压,通道 B 测量负载电压,测得的波形如图 2-21 所示。

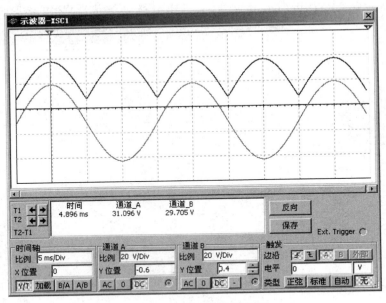

图 2-21　桥式整流电路波形

从图 2-21 可以看出,负载上的电压与电源电压频率相同,无论电源是正半周还是负半周,负载上的电压都是正的。在图中游标位置测得的电压 $U_i = 31.096\text{V}$,$U_o = 29.705\text{V}$,和理论分析 $U_o \approx 0.9U_i$ 相一致。

任务三　滤波电路仿真

1. 滤波电路

整流电路将交流电整流成单方向脉动的电压和电流,而大多数电子设备需要脉动程度小的平滑直流电,这就需要采用滤波电路。滤波电路能将整流脉冲的单方向电压、电流变换成平滑的电压、电流,常用的滤波电路有电容滤波、电感滤波和多级滤波,这里主要介绍电容滤波及其仿真。

电容滤波电路是在整流电路输出端并联电容,利用其充、放电特性使输出端电压趋于平滑,桥式整流电容滤波电路如图 2-22 所示。

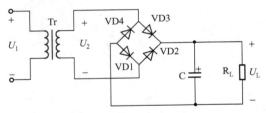

图 2-22　桥式整流电容滤波电路

　　电容滤波在负载 R_L 未接入时的情况：设电容器两端初始电压为零，接入交流电源后，当 U_2 为正半周时，U_2 通过 VD1、VD2 向电容器 C 充电；U_2 为负半周时，经 VD3、VD4 向电容器 C 充电，充电时间常数为 $\tau = RC$。由于电容器无放电回路，故输出电压（即电容器 C 两端的电压 U_C）保持在 $\sqrt{2}\,U_2$，输出为一个恒定的直流，如图 2-23 中 $\omega t < 0$（即纵坐标左边）部分所示。

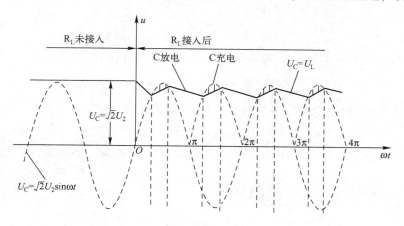

图 2-23　电容滤波波形

　　电容滤波在接入负载 R_L 时的情况：由于电容器在负载未接入前充了电，故刚接入负载时 $U_2 < U_C$，二极管受反向电压作用而截止，电容器 C 经 R_L 放电，如图 2-23 所示。电容器放电过程的快慢，取决于 R_L 与 C 的乘积，即电路时间常数 τ。τ 越大，放电过程越慢，输出电压越平稳。

2. 仿真实验与分析

　　电容滤波仿真实验电路如图 2-24 所示，在负载 R1 上接入开关 J1，仿真时，用空格键控制开关的状态。在电路窗口的开关图标上双击鼠标，会弹出【开关】属性对话框，如图 2-25 所示。在【参数】选项卡中，【Key for Switch】右边的下拉箭头可以修改开关的控制键。用示波器通道 A 测量输入电压，通道 B 测量滤波后负载电压，在开关断开和闭合状态下，示波器测得的波形如图 2-26 所示。

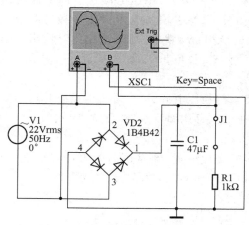

图 2-24　电容滤波仿真实验电路

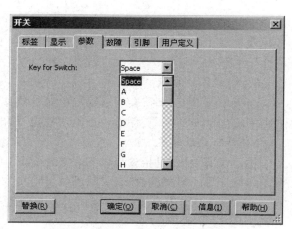

图 2-25　【开关】属性对话框

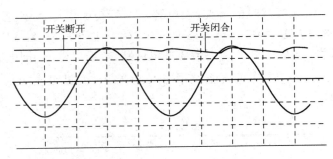

图 2-26 开关断开和闭合负载电压波形

从图 2-26 可以看出,电容滤波电路在负载 R1 未接入时,输出为一个恒定的直流电压,大小为 $\sqrt{2}U_2$;在负载 R1 接入时,输出电压波形为典型的充、放电图形。进一步实验,改变电容 C1 和负载电阻 R1 的值,输出电压充、放电的波形会发生变化,输出电压的平滑程度会改变。

任务四 三端稳压电源电路仿真

1. 稳压电源

稳压电源的技术指标可以分为两大类:一类是特性指标,如输出电压、输出电流及电压调节范围;另一类是质量指标,反映一个稳压电源的优劣,包括稳定度、等效内阻(输出电阻)、纹波电压及温度系数等。

稳压电源的性能主要有以下 4 个指标。

1) 稳定性

当输入电压 U_{sr}(整流、滤波的输出电压)在规定范围内变动时,输出电压 U_{sc} 的变化一般要求应该很小。由于输入电压变化而引起输出电压变化的程度,称为稳定度指标,常用稳压系数 S 来表示。S 的大小反映一个稳压电源克服输入电压变化的能力。在同样的输入电压变化条件下,S 越小,输出电压的变化越小,电源的稳定度越高。通常 S 约为 $10^{-4} \sim 10^{-2}$。

2) 输出电阻

负载变化时(从空载到满载),输出电压 U_{sc} 应基本保持不变,稳压电源这方面的性能可用输出电阻表示。输出电阻(又叫等效内阻)用 R_n 表示,它等于输出电压变化量和负载电流变化量之比。R_n 反映负载变动时输出电压维持恒定的能力,R_n 越小,则负载变化时输出电压的变化也越小。性能优良的稳压电源,输出电阻可小到 1Ω,甚至 0.01Ω。

3) 电压温度系数

当环境温度变化时,会引起输出电压的漂移。良好的稳压电源,应在环境温度变化时有效地抑制输出电压的漂移,保持输出电压稳定,输出电压的漂移用温度系数 KT 来表示。

4) 输出电压纹波

所谓纹波电压,是指输出电压中 50Hz 或 100Hz 的交流分量,通常用有效值或峰值表示。经过稳压作用,可以使整流滤波后的纹波电压大大降低,降低的倍数反比于稳压系数 S。

2. 集成稳压器

集成稳压器具有稳压性能良好,外围元件简单,安装调试方便,体积小,价格低廉等优点,在电子电路中应用广泛,其中以小功率三端集成稳压器应用最普遍。集成稳压器常用型号有 78×、79×、317×、337×。78×× 是正电压输出,79×× 是负电压输出,CW317×× 是可调正电压输出,CW337×× 是可调负电压输出,常用集成稳压器的封装形式如图 2-27 所示。

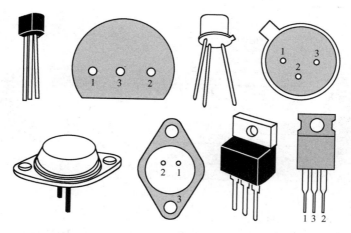

图 2-27　常用集成稳压器的封装形式

7805 和 7905 是其中的代表型号,在使用时稳压器的输入、输出端常并入瓷介质小容量电容用来抵消电感效应,抑制高频干扰。同时,稳压器的输入与输出之间的电压差不得低于 3V。

3. 仿真实验与分析

使用 7805 和 7905 构成的三端稳压电源如图 2-28 所示,可以输出稳定的 ±5V 电压。放置一个四踪示波器,通道 A 测量变压器输出正电压波形,通道 B 测量桥式整流和滤波后输入 7805 的波形,通道 C 测量输入 7905 的波形,通道 D 测量负载 R1 上电压的波形,测量波形如图 2-29 所示。

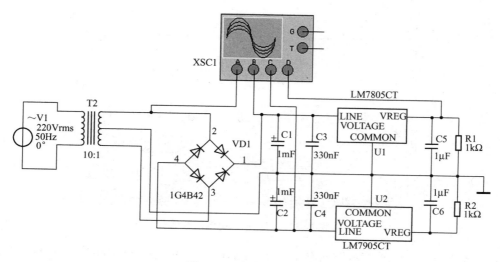

图 2-28　三端稳压电源

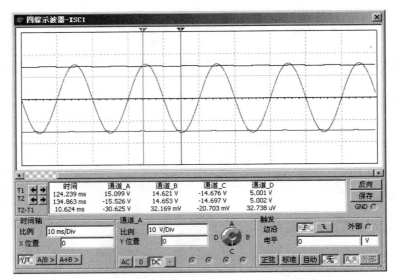

图 2-29　用示波器测量三端稳压电源的波形

在图 2-29 中,示波器 A 通道测得的是一个正弦波形,频率为 50Hz,因为变压器匝数比为 10∶1,且有中心抽头,次级线圈输出电压最大值为 15.5V。通道 B 是桥式整流和经过 C1 滤波之后的电压,大小为 14.7V。通道 C 和通道 B 类似,不过电压为负值,大小为 – 14.7V。通道 D 测量的是负载两端的电压,从波形上看,是一条水平直线,说明输出是一个稳定的直流电压,大小为 5V。

对三端稳压电源进一步的仿真测试,可以从以下几个方面进行。

(1) 纹波电压。在负载两端接入示波器,将示波器选择交流信号(AC),测量输出对地交流电压,其纹波电压的波形如图 2-30 所示。

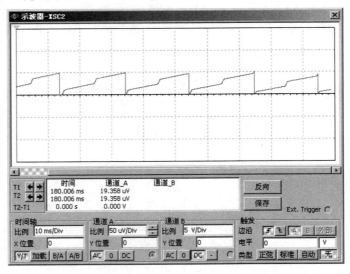

图 2-30　三端稳压电源的纹波

(2) 负载变化。保持交流输入电压不变,分别将负载换为 500Ω、100Ω、50Ω、20Ω、10Ω,用数字万用表 XMM1 测量其对应的输出电压,如表 2-3 所示。

（3）输入电压变化。保持负载不变，电源 V1 电压分别取 190V、205V、220V、235V、250V，用数字万用表 XMM1 测量其对应的输出电压，如表 2-3 所示。

表2-3　输出电压测量表

负载电阻(Ω)	500	100	50	20	10
输出电压(V)	5.098	5.098	5.097	4.999	4.997
电网电压(V)	190	205	220	235	250
输出电压(V)	5.097	5.098	5.098	5.098	5.098

从上表仿真测量的结果来看，当负载电阻或电网电压变化时，稳压电源的输出电压基本保持不变。

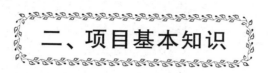

二、项目基本知识

知识点一　Multisim 的基本操作

在这里通过绘制图 2-28 所示的三端稳压电源电路来说明 Multisim 的基本操作。

1. 创建电路文件

当启动 Multisim 时，系统会自动打开一个名为"电路 1"的空白电路文件，并打开一个新的无标题的电路窗口，在关闭当前电路窗口前将提示是否保存它。也可以执行菜单【文件】→【新建】→【原理图】命令或单击工具栏的【新建】按钮来创建一个新的电路文件。

文件的打开、关闭、保存等操作和其他应用程序类似。

2. 放置元件

新建电路文件之后就可以在电路窗口中放置元件了。Multisim 10 提供了 3 个层次的元件库，具体包括主数据库、公司数据库和用户数据库。公司数据库和用户数据库在新安装 Multisim 后是空的，是由用户和公司创建的，系统默认的元件库是主数据库。

放置元件的方法一般包括：利用元件工具栏放置元件，元件工具栏将元件分成逻辑组或元件箱，每一个元件箱用工具栏中的一个按钮表示，如图 2-31 所示；通过执行菜单【放置】→【Component】命令放置元件；在绘图区单击鼠标右键，利用弹出的快捷菜单【Place Component】放置元件及利用快捷键 Ctrl + W 放置元件等。其中，第一种方法适合已知元件在元件库的哪一类中，其他 3 种方法须打开元件库对话框，然后进行分类查找。

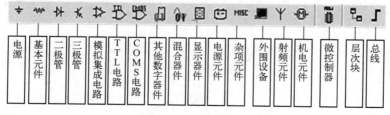

图2-31　元件工具栏

1）放置第一个元件

首先放置一个 220V/50Hz 的交流电源，其放置和属性修改步骤如表 2-4 所示。

表 2-4 交流电源放置和属性修改的步骤

步骤	操作过程	操作界面图
（1）	单击元器件工具栏 ➕ 图标，或执行菜单【放置】→【Component】命令，如图 2-32 所示，将弹出【选择元件】对话框	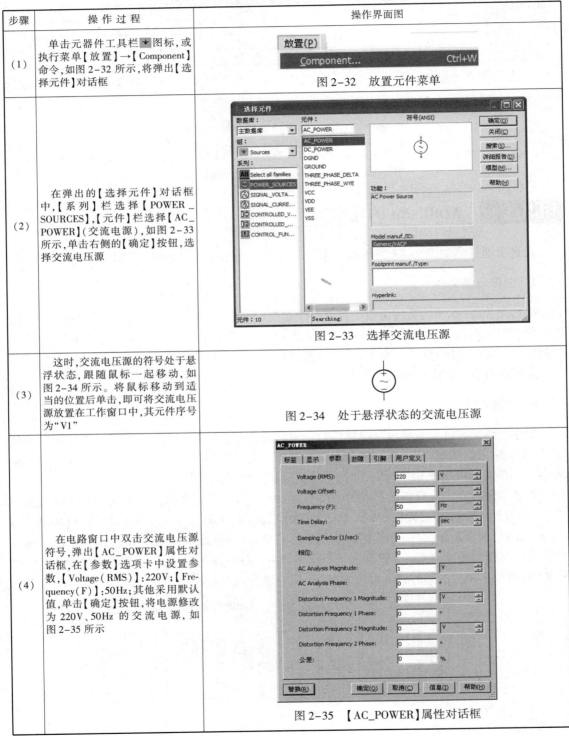 图 2-32　放置元件菜单
（2）	在弹出的【选择元件】对话框中，【系列】栏选择【POWER_SOURCES】，【元件】栏选择【AC_POWER】（交流电源），如图 2-33 所示，单击右侧的【确定】按钮，选择交流电压源	图 2-33　选择交流电压源
（3）	这时，交流电压源的符号处于悬浮状态，跟随鼠标一起移动，如图 2-34 所示。将鼠标移动到适当的位置后单击，即可将交流电压源放置在工作窗口中，其元件序号为"V1"	图 2-34　处于悬浮状态的交流电压源
（4）	在电路窗口中双击交流电压源符号，弹出【AC_POWER】属性对话框，在【参数】选项卡中设置参数，【Voltage（RMS）】：220V；【Frequency（F）】：50Hz；其他采用默认值，单击【确定】按钮，将电源修改为 220V、50Hz 的交流电源，如图 2-35 所示	图 2-35　【AC_POWER】属性对话框

步骤	操作过程	操作界面图
(5)	修改完属性的交流电压源如图 2-36 所示	V1 220Vrms 50Hz 0° 图 2-36　交流电压源

2）放置其他元件

与以上过程相似,打开不同的元器件库,执行所需元件的放置操作,移动或旋转元件将其放在适当位置,如图 2-37 所示。

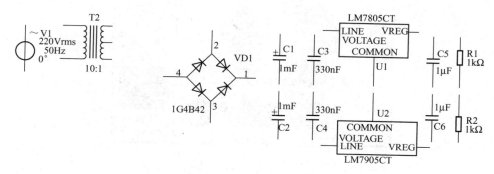

图 2-37　元件放置结果图

3. 元件的基本操作

1）选择元件

要对元件进行相关操作,首先要选中该元件。要选中某一个元件,可单击元件,被选中元件的四周出现蓝色虚线方框,便于识别。也可以用鼠标拖动一个区域,则该区域内的所有元件都被选中。如果要选择不相邻的多个元件,按下 Shift 键,同时用鼠标在要选择的元件上单击。在电路窗口中,单击鼠标右键,在右键快捷菜单中选择【全选】,可以选择电路窗口中的所有元件,执行菜单【编辑】→【全选】命令,或者按下 Ctrl + A 组合键,也可以选择所有元件。

要取消某个或某些被选中的元件,只需单击电路工作区的空白部分即可。

2）移动元件

用鼠标按住元件不放,并拖动其到目标位置后松开鼠标即可。多个元件被选择之后,用鼠标拖动其中任意一个元件,则所有选中的元件都会一起移动。也可以使用键盘上的上、下、左、右键使被选择的元件做微小的移动。

3）旋转元件

如果元件的摆放方向不合适,可用鼠标右键单击该元件,在弹出的快捷菜单中选择【水平镜像】、【垂直镜像】、【顺时针旋转 90°】、【逆时针旋转 90°】,则可对元件进行水平翻转、垂直翻转、顺时针 90°旋转、逆时针 90°旋转。

4）元件的复制、删除

在【编辑】菜单或右键菜单或标准工具栏中都有剪切、复制、粘贴和删除 4 项,利用它们可以完成对被选择元件的剪切、复制、粘贴和删除操作。

5）改变颜色

在复杂的电路中，可以将元件设置为不同的颜色。要改变元件的颜色，用鼠标右键单击该元件，在弹出的右键菜单中选择【改变颜色】，弹出【颜色】对话框，如图 2-38 所示，选择要改变的颜色即可。

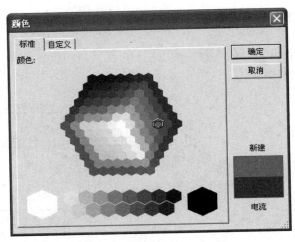

图 2-38 　【颜色】对话框

6）元件属性的修改

双击元件，或者执行菜单【编辑】→【属性】命令，都可以弹出该元件的属性对话框。元件属性对话框有标签、显示、参数、故障、引脚、变量和用户自定义 7 个选项，可根据元件情况修改其属性。

4. 连线

Multisim 10 提供了自动与手工两种连线方式。将鼠标指针指向起点元件的引脚，单击确定本次连线起点，将鼠标指针移至终点元件的引脚单击，可自动完成连线。手工连线由用户控制线路走向，在需要拐弯处单击固定拐点以确定路径来完成连线。连线默认为红色，要改变某段连线的颜色，在连线上单击鼠标右键，从弹出菜单中选择【改变颜色】，弹出【颜色】对话框，选择要改变的颜色即可。

在连线上单击鼠标右键，从弹出菜单中选择【删除】，可删除连线。选择连线，使用键盘上的 Delete 键，也可以删除连线。

5. 输入文本

Multisim 10 允许增加标题栏(Title Block)和文本来注释电路。

1）增加标题栏

执行菜单【放置】→【Title Block】命令，弹出【打开】对话框，如图 2-39 所示，选择标题栏模板文件，再单击【打开】按钮，在电路窗口就会增加标题栏，图 2-40 所示是系统默认的标题栏格式。双击标题栏，弹出【标题栏】属性对话框，可以修改相应信息，如图 2-41 所示。

打开
查找范围(I): titleblocks
default.tb7
DefaultV6.tb7
DefaultV7.tb7
defaultV8.tb7
DefaultV9.tb7
example1.tb7
example2.tb7
example3.tb7
example4.tb7
Ulticap.tb7
我最近的文档
桌面
我的文档
我的电脑
网上邻居
文件名(N):
文件类型(T): 标题栏(*.tb7)
打开(O)
取消

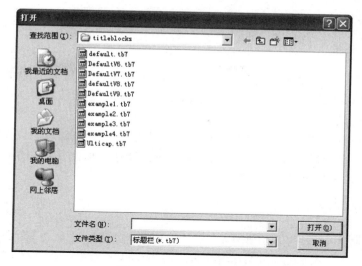

图 2-39　【打开】对话框

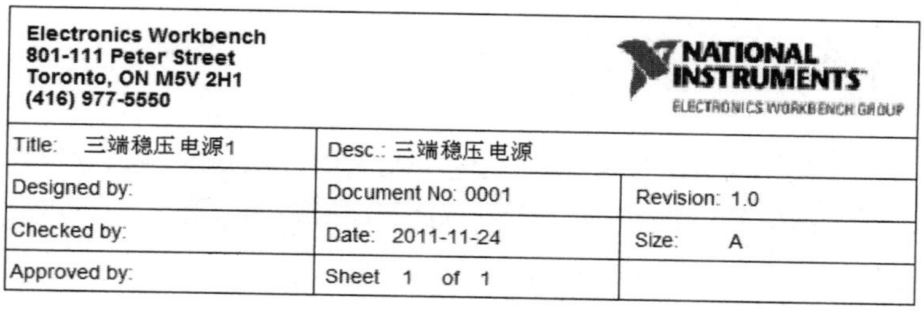
Electronics Workbench
801-111 Peter Street
Toronto, ON M5V 2H1
(416) 977-5550
NATIONAL INSTRUMENTS
ELECTRONICS WORKBENCH GROUP
Title: 三端稳压电源1
Desc.: 三端稳压电源
Designed by:
Document No: 0001
Revision: 1.0
Checked by:
Date: 2011-11-24
Size: A
Approved by:
Sheet 1 of 1

图 2-40　系统默认的标题栏格式

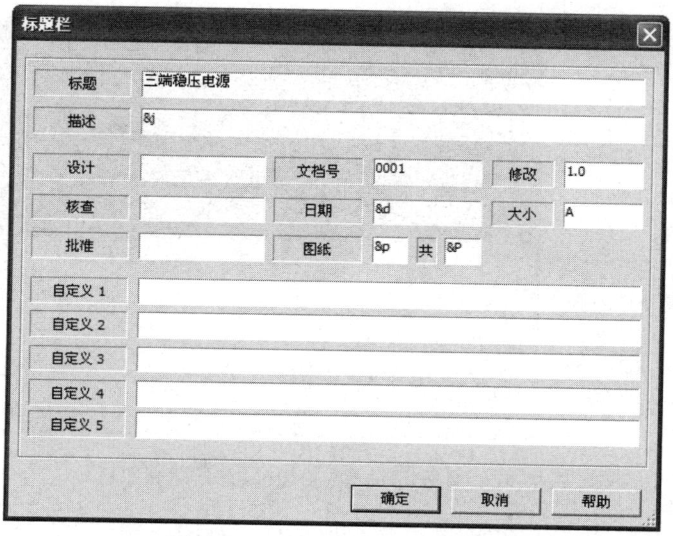
标题栏
标题
三端稳压电源
描述
&j
设计
文档号
0001
修改
1.0
核查
日期
&d
大小
A
批准
图纸
&p
共
&P
自定义 1
自定义 2
自定义 3
自定义 4
自定义 5
确定
取消
帮助

图 2-41　【标题栏】属性对话框

2）增加文本

在某些重要部分添加文字说明，有助于对电路图的理解。执行菜单【放置】→【文本】命令，在电路窗口单击，会出现文本输入框，输入文本即可。双击文字块，可以随时修改输入的文字。

6. 放置虚拟仪器

Multisim 10 提供了大量用于仿真电路测试的虚拟仪器,这些仪器的使用和读数与真实的仪器相同,就好像在实验室一样。在仿真过程中,这些仪器能够非常方便地检测电路工作情况及对仿真结果进行显示和测量。

在仿真时,电路窗口内的虚拟仪器有两个显示界面:添加到电路中的仪器图标和进行操作显示的仪器面板。用户通过仪器图标的外接端子将仪器接入电路,双击仪器图标弹出仪器面板,在仪器面板中进行设置、显示等操作。

7. 电路仿真分析

仿真电路绘制完毕后,打开仿真开关,或执行菜单【仿真】→【运行】命令,即可启动仿真。在测量或观察过程中,可以根据测量结果来改变仪器参数的设置。再次单击仿真开关,可停止仿真。仿真开关旁边的暂停按钮,可暂停仿真。

知识点二 示波器

双通道示波器(2 Channel Oscilloscope)是电子实验中使用最为频繁的仪器之一,可用来显示信号的波形,还可以测量信号的频率、幅度和周期等参数,也可用于波形的比较。

1. 连接

双通道示波器的图标、符号图和面板如图 2-42 所示。

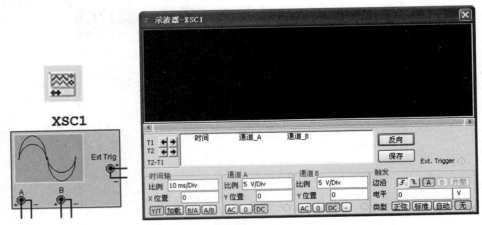

图 2-42　双通道示波器的图标、符号图和面板

双通道示波器包括通道 A 和通道 B 及外触发端 3 对接线端。它与实际示波器连接稍有不同:一是通道 A、B 可以只用一根线与被测点连接,测量的是该点与地之间的波形,二是可以将示波器每个通道的"＋"和"－"端接在某两点上,示波器显示的是这两点之间的电压波形。为了便于清楚地观测波形,可将连接到 A、B 通道的导线设置为不同的颜色,示波器波形显示

的颜色与连接到通道的导线的颜色相同。

2. 面板操作

双击双通道示波器的符号,会弹出示波器的面板,如图 2-42 所示,示波器面板的功能及其操作如下。

(1)时间轴(Timebase)选项区域:用来设置 X 轴方向扫描线和扫描速率,如图 2-43 所示。

比例:选择 X 轴方向每一个刻度代表的时间。单击该栏会出现一对上下翻转箭头,可根据信号频率的高低,选择合适的扫描时间。通常,时基的调整与输入信号的频率成反比,输入信号的频率越高,时基就越小。

X 位置:表示 X 轴方向扫描线的起始位置,修改其设置可使扫描线左右移动。

工作方式:Y/T 方式显示以时间 T 为横坐标的变化波形;B/A 方式表示将 A 通道信号作为 X 轴扫描信号,B 通道信号施加在 Y 轴上;A/B 方式与 B/A 方式相反;加载(Add)方式显示的波形为 A 通道的输入信号和 B 通道的输入信号之和。

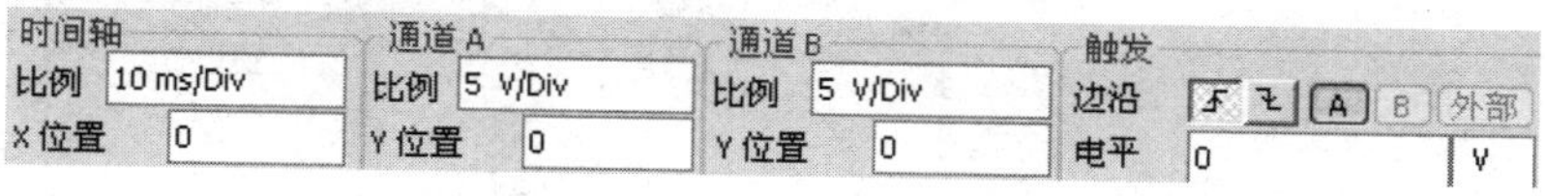

时间轴		通道 A		通道 B		触发	
比例	10 ms/Div	比例	5 V/Div	比例	5 V/Div	边沿	⌐⌐ A B 外部
X 位置	0	Y 位置	0	Y 位置	0	电平	0 V

图 2-43　双通道示波器面板的功能

(2)通道 A 选项区域:用来设置 A 通道输入信号在 Y 轴的显示刻度,如图 2-43 所示。

比例:表示 A 通道输入信号的每格电压值。单击该栏会出现一对上下翻转箭头,可根据所测信号电压的大小,选择合适的显示比例。

Y 位置:表示 Y 轴方向的显示基准,修改其设置可使扫描线上下移动。

工作方式:AC 表示交流耦合方式,仅显示输入信号的交流成分;0 表示将输入信号接地,可用于确定零电平的基准位置;DC 表示直流耦合方式,实时显示信号的实际大小。

(3)通道 B 选项区域:用来设置 B 通道输入信号在 Y 轴的显示刻度,其设置方式与通道 A 选项区域相同。

(4)触发方式选项区域:用来设置示波器的触发方式,如图 2-43 所示。

边沿:表示将输入信号的上升沿或下降沿作为触发方式。

电平:用于选择触发电平的电压大小(阈值电压)。

类型:正弦表示单脉冲触发方式;标准表示常态触发方式;自动表示自动触发方式。

(5)波形参数测量区:波形参数测量区是用来显示两个游标所测得的显示波形的数据的,如图 2-44 所示。

在屏幕上有 T1、T2 两条可以左右移动的游标,游标上方注有 1、2 的三角形标志,用以读取所显示波形的具体数值,并将其显示在屏幕下方的测量数据显示区。数据区显示游标所在的刻度,两游标的时间差,通道 A、B 输入信号在游标处的信号幅度。通过这些操作,可以测量信号的幅度、周期、脉冲信号的宽度、上升时间及下降时间等参数。为了测量方便准确,可单击仿真开关【暂停】按钮,使波形暂停。单击数据区右侧的【反向】按钮,可改变示波器的背景颜色(黑色或白色)。单击数据区右侧的【保存】按钮,可将显示的波形保存起来。

3. 应用举例

用双通道示波器观察李莎育图形,如图 2-45 所示。

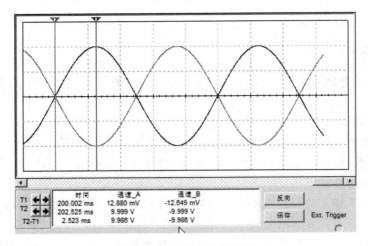

图 2-44　波形参数测量区

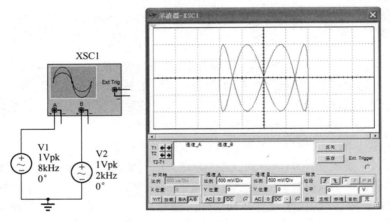

图 2-45　双通道示波器观察李莎育图形

4. 四通道示波器

四通道示波器的图标、符号图和面板如图 2-46 所示。

图 2-46　四通道示波器的图标、符号图和面板

四通道示波器包括通道 A、B、C 和 D,可以同时观测四路信号。使用时首先使用通道选择旋钮选择通道,然后在"通道"中选择合适比例,即可观察到波形,时间轴 4 个通道共用,其他与双通道示波器使用方法类似。四通道示波器使用实例参考图 2-49 所示。

知识点三　函数信号发生器

函数信号发生器(Function Generator)是可以提供正弦波、三角波和方波的信号源,输出信号的频率范围大。它不仅为电路提供常规的交流信号源,并且可以提供音频和射频信号源,其输出信号的频率、振幅、占空比和偏移等参数都可以调节。

1. 连接

函数信号发生器的图标、符号图和面板如图 2-47 所示。

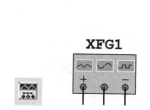
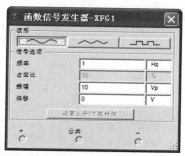

图 2-47　函数信号发生器的图标、符号图和面板

函数信号发生器在使用时,连接"+"和"公共端"端子,输出信号为正极性信号;连接"-"和"公共端"端子,输出信号为负极性信号;连接"+"和"-"端子,输出信号为双极性信号;把"公共端"端子与电路的公共地相连,"+"和"-"端子输出两个幅值相等、极性相反的信号。

2. 面板操作

双击函数信号发生器的符号,会弹出函数信号发生器的面板,如图 2-47 所示。通过函数信号发生器面板上的相关设置,可改变输出电压信号的波形类型、频率、振幅、占空比和偏移等参数。

(1) 波形选项区域:在波形选择栏中从左起依次为正弦波、三角波和方波按钮,单击不同按钮,即可输出相应的波形。

(2) 信号选项区域:对波形选项区域中选择的信号进行相关参数设置。

频率:设置输出信号的频率,其范围为 1Hz ～ 999THz。

占空比:设置三角波和方波的占空比,其范围为 1% ～ 99%。

频幅:设置输出波形的峰-峰值,其范围为 1fV ～ 999TV。

偏移:用来设置叠加在交流信号上的直流分量值的大小,其范围为 1fV ～ 999TV。

设置上升/下降时间:用来设置所要产生信号的上升时间和下降时间,该按钮只有在方波时有效。单击该按钮后,弹出参数输入对话框,其可选范围为 1ns ～ 500ms。

3. 应用举例

1) 用函数信号发生器产生各种波形

用函数信号发生器 XFG1 产生正弦波,输出两路相反的信号,利用示波器 XSC1 的通道 A、

D 显示;用函数信号发生器 XFG2 产生三角波,利用示波器 XSC1 的通道 B 显示;用函数信号发生器 XFG3 产生方波,利用示波器 XSC1 的通道 C 显示。函数信号发生器的输出波形设置如图 2-48 所示,从左向右依次为 XFG1、XFG2 和 XFG3,连线图如图 2-49 所示,波形图如图 2-50 所示。

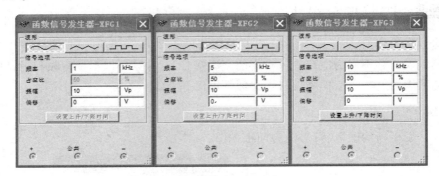

图 2-48　函数信号发生器的输出波形设置

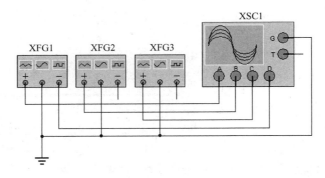

图 2-49　函数信号发生器波形测量的连线图

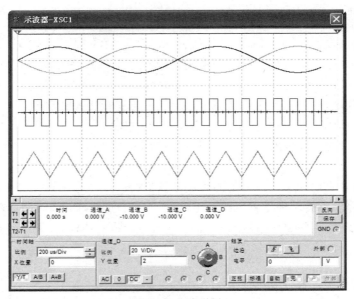

图 2-50　波形图

2）用函数发生器可以实现两路信号的叠加

XFG1 产生正弦波，XFG2 产生方波，函数信号发生器的输出波形设置、连线如图 2-51 所示，波形图如图 2-52 所示。

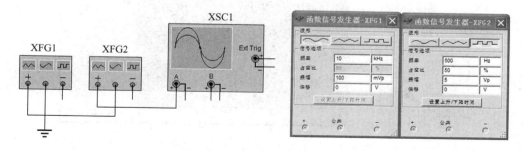

图 2-51　两路信号叠加的电路和设置

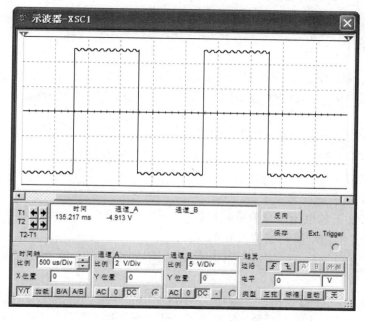

图 2-52　两路信号叠加的波形图

知识点四　IV（伏安特性）分析仪

IV 分析仪，即伏安特性分析仪，类似于晶体管特性测试仪，可用来测量二极管、双极型晶体管和场效应管的伏安特性曲线。

1. 连接

IV 分析仪的图标、符号图和面板如图 2-53 所示。

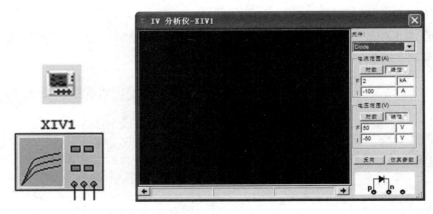

图 2-53　IV 分析仪的图标、符号图和面板

IV 分析仪有 3 个接线端,这 3 个接线端与所选的晶体管类型有关。在测量晶体管伏安特性时,只能单个测量,不能在电路中进行。

2.　面板操作

双击 IV 分析仪的符号,会弹出 IV 分析仪的面板,如图 2-53 所示。它由显示区、元件类型选择区、电流范围选项、电压范围选项及晶体管符号和连接方法 5 部分组成,具体功能及其操作如下。

(1) 元件:用来选择晶体管类型。

(2) 电流范围(Y 轴):用于改变图形显示区的电流显示范围。

对数:用来设置 Y 轴对数刻度坐标。

线性:用来设置 Y 轴等刻度坐标。

F 区:用来设置 Y 轴电流终止值及其单位。

I 区:用来设置 Y 轴电流初始值及其单位。

(3) 电压范围(X 轴):用于改变图形显示区的电压显示范围,其设置与电流范围设置类似。

(4) 反向:单击【反向】按钮,可以改变显示区域的背景颜色(黑色或白色)。

(5) 仿真参数:单击【仿真参数】按钮,可弹出【仿真参数】设置对话框,如图 2-54 所示,该对话框与所选的晶体管类型有关。在【仿真参数】设置对话框中可以设置晶体管测试所需的扫描参数。

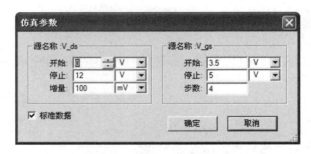

图 2-54　【仿真参数】设置对话框

3. 应用举例

在元件列表框中选择晶体管,放置MTD2955E,将场效应管连接到IV分析仪接线端,在IV分析仪元件区选择PMOS类型,连线图及测试结果如图2-55所示。

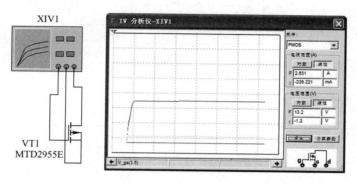

图2-55　IV分析仪的应用

三、项目拓展

三相交流电路仿真

1. 三相交流电路

三相电源是由频率相同、振幅相等、相位依次相差120°的3个单相正弦交流电压组成的,这3个电压称为三相交流电压。三相交流电压是由三相交流发电机产生的,三相发电机的每一相都是独立的电源,实际使用中,通常将三相电源按一定方式连接后再向负载供电,三相电源的连接方式有两种,即星形(Y形)和三角形(△形)连接方式。三相电路系统中有中性线时,称为三相四线制电路;无中性线时,称为三相三线制电路。

在三相四线制电路中,无论负载对称与否,负载均可以采用Y形连接,并有 $U_L = \sqrt{3}\,U_P$,$I_L = I_P$,对称时中性线上无电流,不对称时中性线上有电流。

在三相三线制电路中,负载为Y形连接时,$U_L = \sqrt{3}\,U_P$,$I_L = I_P$;当负载为△形连接时,$U_L = U_P$,$I_L = \sqrt{3}\,I_P$。

2. 三相交流电相序的测试

按图2-56所示建立电路,并将四踪示波器接入,启动仿真开关,双击四踪示波器图标,三相交流电的相序波形如图2-57所示。

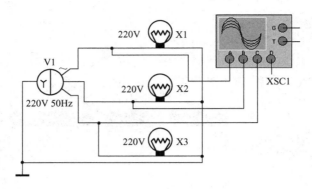

图 2-56　相序测试电路

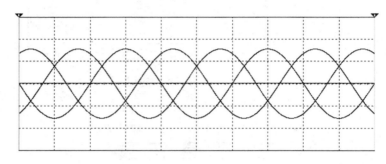

图 2-57　相序波形图

3. 三相四线制Y形对称负载电路的测试

按图 2-58 所示建立三相四线制Y形对称负载电路,电源为 220V,50Hz,灯泡为 220V,100W。电压表和电流表工作于交流模式,分别测量线电压、线电流、相电压、相电流和中线电流。测量结果:相电压为 220V,线电压为 381V,线电流和相电流为 0.455A,中线电流为零。

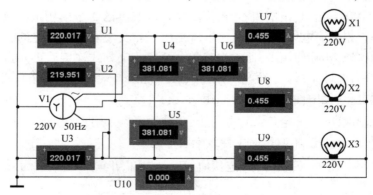

图 2-58　三相四线制Y形对称负载电路的测试图

4. 三相四线制Y形不对称负载电路的测试

在图 2-58 中,双击灯泡 X1 图标,弹出如图 2-59 所示灯泡属性对话框,在【Maximum Rated Power(Watts) 】栏,将功率改为 25W,其他灯泡仍为 100W,这样原来对称负载变为不对称负载。启动仿真开关,仿真结果如图 2-60 所示,由于负载不对称,中线电流不为零。

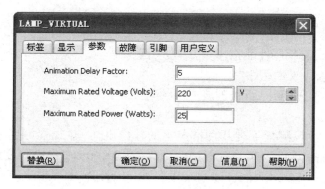

图 2-59　灯泡属性对话框

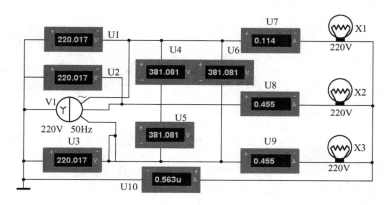

图 2-60　三相四线制丫形不对称负载电路的测试图

5. 三相三线制△形对称负载电路的测试

按图 2-61 所示建立三相三线制 △ 形对称负载电路,电源为 220V,50Hz,灯泡为 380V, 100W。电压表和电流表工作于交流模式,分别测量线电压、线电流、相电压、相电流。测量结果:$U_L = U_P = 220\sqrt{3} = 381V$;线电流 I_L 为 0.457A,相电流 I_P 为 0.264A,$I_L = \sqrt{3} I_P$。

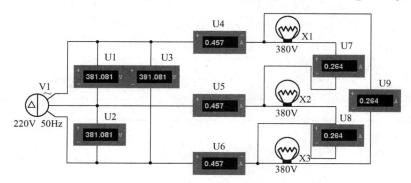

图 2-61　三相三线制△形对称负载电路的测试图

项目学习评价

一、思考练习题

1. 稳压电源主要有哪些性能指标？怎样进行测试？

2. Multisim 中怎样放置元件？

3. 在示波器窗口中怎样估算被测波形的频率？

二、技能训练题

1. 如图 2-62 所示，测量下列几种情况下的输出电压，并观察可变电容两端电压波形。（1）可变电容 $C = 0\mu F$；（2）可变电容 C 为 1% 最大值（$C = 10\mu F$）；（3）可变电容 C 为 25% 最大值；（4）可变电容 C 为 95% 最大值；（5）可变电容 $C = 1000\mu F$，且负载断开（J1 断开）。

2. 如图 2-63 所示，测量下列几种情况下的李莎育波形。（1）V2 为 16kHz；（2）V2 为 8kHz；（3）V2 为 4kHz；（4）V2 为 2kHz；（5）V2 为 1kHz。

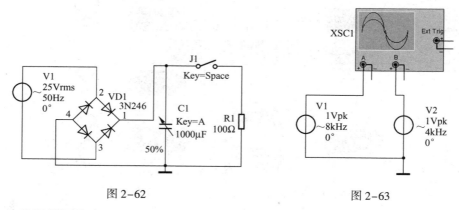

图 2-62　　　　　　　　　　　　图 2-63

三、技能评价评分表

班级：_____　　　姓名：_____　　　成绩：_____

评价项目	项目评价内容	分值	自我评价	小组评价	教师评价	得分
理论知识	① Multisim 10 的基本操作	10				
	② 示波器、函数信号发生器和 IV 分析仪的使用方法	15				
实操技能	① 变压器、二极管和滤波电路的仿真	15				
	② 示波器、函数信号发生器和 IV 分析仪的使用方法	20				
	③ 三端稳压电路的仿真	20				
学习态度	① 出勤情况	6				
	② 课堂纪律	6				
	③ 按时完成作业	8				

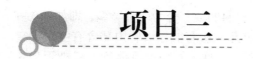

项目三

放大电路仿真

⛵ 项目情境创设

在电子线路中，设计电路主要是为了采集、处理信号，信号至少要经过"输入—中间处理—输出"这3个环节。输入一般用差动放大电路，可以抑制零点漂移问题。中间处理（最基本的处理就是放大）使用普通或多级的放大电路，为了避免失真，可以加入负反馈。输出一般要带动负载，有较大的功率，一般采用功率放大电路。

🐝 项目学习目标

	学 习 目 标	学 习 方 式	学 时
技能目标	① 掌握三极管放大电路的仿真方法； ② 掌握差动放大电路仿真方法； ③ 掌握功率放大电路仿真方法	学生上机操作，教师指导	4 课时
知识目标	① 了解元器件库及元件； ② 掌握波特图示仪和失真分析仪的使用； ③ 掌握电流探头和测量探针的使用； ④ 掌握常用的电路分析方法	教师讲授 重点：三极管放大电路的仿真方法和常用分析方法	4 课时

🌿 项目基本功

一、项目基本技能

任务一　三极管放大电路仿真

三极管是电子电路中重要的一种半导体器件，在模拟电路中常用于对电压、电流信号进行放大或组成频率较高的正弦波发生器等。三极管放大电路是放大电路中最基本的结构，是构成复杂放大电路的基本单元。

1．三极管

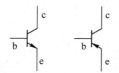

三极管由硅或锗半导体材料制成，分为两种类型，即如图 3-1 所示的 NPN 型三极管和 PNP 型三极管。三极管内部含有空穴和自由电子两种载流子参与导电，又称为双极型晶体管。三极管是一种三端电路元件，有 3 个电极分别为基极 b、发射极 e 和集电极

图 3-1　两种类型的三极管　c，分别由 N 型和 P 型半导体制成。

2．共发射极放大电路

三极管有 3 个电极，若一个作为输入，一个作为输出，另一个电极作为输入和输出的公共电极，则有 3 种连接方式。按照三极管的 3 种不同的连接方式，三极管放大电路相应的有共发射极、共集电极和共基极 3 种不同的放大电路。

单管放大电路的设计要求主要包括以下几个方面：①要有一定的放大能力；②放大电路的非线性失真要小；③放大电路要有合适的输入和输出电阻，一般要求放大电路的输入电阻大些好，输出电阻小些好；④放大电路的工作要稳定。

如图 3-2 所示是共发射极放大电路原理图，输入信号加在三极管的基极，输出信号由集电极取出，发射极作为输入回路和输出回路的公共电极。

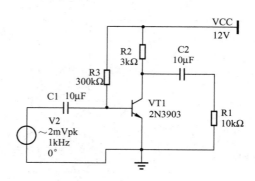

图 3-2　共发射极放大电路原理图

在图 3-2 所示的共发射极放大电路中，采用 NPN 型硅三极管，VCC 是集电极回路的直流电源，它的负端接发射极，正端通过电阻 R2 接集电极，以保证集电结为反向偏置。R2 是集电极电阻，它的作用是将三极管的集电极电流 I_C 的变化转变为集电极电压 U_{CE} 的变化。VCC 通过基极电阻 R3 为基极提供电压，保证发射结为正向偏置，供给基极一个合适的基极电流，R3 又称为基极偏置电阻。电容 C1 和 C2 称为隔直流电容或耦合电容，它们的作用是"传送交流，隔离直流"。

放大电路要实现不失真放大，必须设置合适的静态工作点。放大电路的适用范围是低频小信号，即使静态工作点合适，如果输入信号幅值太大，也会造成输出信号失真。另外，电压放大倍数、输入电阻和输出电阻等也是分析放大电路的核心指标。

3．静态工作点的测试

静态是指放大器无信号输入时放大电路的直流工作状态。静态时直流电流流过的路径称

为直流通路。在分析和画直流等效电路时，一般把电容视为开路，把电感和变压器视为短路。

在静态情况下，电流电压参数在晶体管输入输出特性曲线上所确定的点叫做静态工作点，用 Q 表示，一般包括 I_{BQ}、U_{BEQ}、I_{CQ}、U_{CEQ}。放大器的静态工作点的设置是否合适，是放大器能否正常工作的重要条件。

1）静态工作点的理论分析

共发射极放大电路的直流通路如图 3-3（a）所示，三极管各极直流电压和电流分别用 U_{BEQ}、U_{CEQ}、I_{BQ} 和 I_{CQ} 表示。

（1）输入回路。

$$U_{CC} = I_{BQ}R_B + U_{BEQ} \qquad I_{BQ} = \frac{U_{CC} - U_{BEQ}}{R_B}$$

一般情况下，对于硅管，U_{BEQ} 约为 0.7V；对于锗管，U_{BEQ} 约为 0.2V，U_{CC} 一般在几伏到几十伏，可见此电路的基极电流 I_B 决定于 U_{CC} 电压和 R_B 的大小，改变 R_B 的大小，I_{BQ} 就会随之变化，如图 3-3（b）所示。U_{CC} 和 R_B 确定后，基极偏流 I_B 就是固定的，所以这种电路称为固定偏流电路。

（2）输出回路。

$$U_{CC} = I_{CQ}R_C + U_{CEQ} \qquad U_{CEQ} = U_{CC} - I_{CQ}R_C$$

式中 $I_{CQ} \approx \beta I_{BQ}$，$\beta$ 是三极管的放大倍数。输出方程是一条直线，如图 3-3（c）所示。此直线称为直流负载线，它与 I_{BQ} 对应的一条输出特性曲线的交点即是静态工作点 Q，Q 点所对应的 I_{CQ} 和 U_{CEQ} 就是三极管的静态电流和电压。

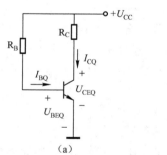 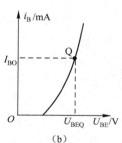 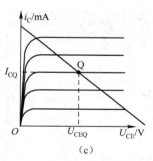

图 3-3　静态工作点分析

2）静态工作点的仿真测试

在电路输出电压为最大不失真电压时，就是放大电路的最佳静态工作点。此时，将放大电路的输入端对地短路，并进行静态工作点的测量。在 Multisim 中，放大电路的静态工作点测量方法有直接测量法和直流工作点分析法两种。

图 3-2 所示的共发射极放大电路，由于 VCC 和 R_B 确定后，基极电流 I_B 是固定的，所以这种偏置电路又称为固定偏置电路，它易受外部因素影响，工作点不稳定，严重时会出现波形失真，影响放大电路的正常工作。因此，实际应用中，通常采用具有稳定静态工作点的共发射极放大电路，如图 3-4 所示。

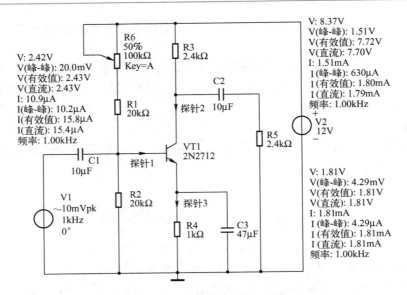

图 3-4   测量探针测量共发射极放大电路的静态工作点

（1）用测量探针测量共发射极放大电路的静态工作点。

直接测量静态工作点的方法可以用万用表、电压表和电流表，也可以用测量探针直接测量电压和电流。图 3-4 中，在基极、发射极和集电极分别放置 3 个测量探针，单击仿真开关，放置的测量探针即显示测量数据，其中的直流量即为放大电路的静态工作点。从图 3-4 中可以看出，$U_B = 2.43V$，$U_E = 1.81V$，$U_C = 7.70V$，$I_B = 15.4\mu A$，$I_C = 1.51mA$。

图 3-5   直流工作点分析法的仿真结果

（2）直流工作点分析法。

在电路窗口显示网络名字，执行菜单【仿真】→【分析】→【直流工作点分析】命令，选定三极管各极的节点电压和电流变量作为分析变量，仿真分析的结果如图 3-5 所示。

3）静态工作点的仿真分析

当静态工作点偏低时，接近截止区，交流量在截止区不能被放大，使输出电压波形正半周被削顶，产生截止失真。当静态工作点偏高时，接近饱和区，交流量在饱和区不能被放大，使输出电压波形负半周被削底，产生饱和失真。

在图 3-4 中，接入示波器测量输入信号和输出信号的波形，调整 R6 的大小，观察输出信号波形。如图 3-6 所示，输出电压波形负半周被削底，说明电路产生了饱和失真。出现饱和失真，说明 R_B 太小，可以增大 R_B，使静态工作点下移。

4．三极管的交流参数

三极管在输入交流信号的情况下，交流参数主要包括电压放大倍数 A_u、输入电阻 R_i、输出电阻 R_o 及幅频特性等。

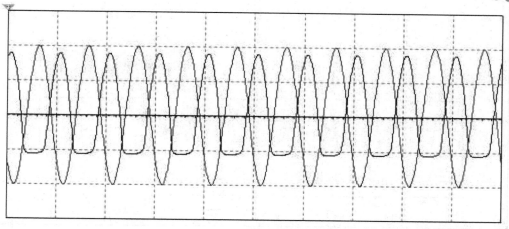

图 3-6　饱和失真的波形

1) 交流参数

（1）电压放大倍数 A_u：放大器的输出电压有效值 U_o 与输入电压有效值 U_i 的比值称为电压放大倍数，$A_u = U_o / U_i$。

（2）输入电阻 R_i：放大器输入端加上交流信号电压 u_1，将在输入回路产生输入电流 i_i，这如同在一个电阻上加上交流电压将产生交流电流一样。这个电阻叫做放大器的输入电阻，用 R_i 表示，$R_i = u_i / i_i$。输入电阻可以理解为从输入端看进去的等效电阻，这个电阻值越大越好。

（3）输出电阻 R_o：从放大器的输出端（不包括负载）看进去的交流等效电阻叫输出电阻，用 R_o 表示。求 R_o 时，将放大电路输入端信号源置零，去掉输出端负载电阻，然后在输出端增加交流电压 u_o，u_o 向放大电路提供电流 i_o，$R_o = u_o / i_o$。输出电阻值越小越好。

（4）通频带 BW：通常放大器的放大能力只适应于一个特定频率范围的信号，在一定频率范围内，放大器的放大倍数高且稳定，这个频率范围为中频区。离开中频区，随着频率的升高或降低都将使放大倍数急剧下降。信号频率下降和上升到中频时的 0.707 倍所对应的频率叫下限截止频率 f_L 和上限截止频率 f_H。f_L 和 f_H 通频带之间的频率范围称为通频带，用 BW 表示，BW $= f_H - f_L$。

2) 交流参数的仿真测试

（1）电压放大倍数测量。

在图 3-4 所示电路中，分别在输入端和输出端放置万用表测量输入电压 U_i 和输出电压 U_o，根据电压放大倍数的公式计算。

也可以用示波器测量输入、输出波形，用游标读出输入和输出信号的幅值，然后根据电压放大倍数的公式计算。如图 3-7 所示，在游标 1 处，输入信号幅值为 9.967mV，输出信号幅值为 -712.253mV。输入和输出反相，电压放大倍数 $A_u = 712.253/9.967 = 71.46$。

（2）输入电阻测量。

在放大电路的输入回路接入电流表和电压表，设置为交流模式，如图 3-8 所示。测得电压为 7.071mV，电流为 3.573μA，则输入电阻 $R_i = u_i / i_i = 7.071/3.573 \approx 2k\Omega$。

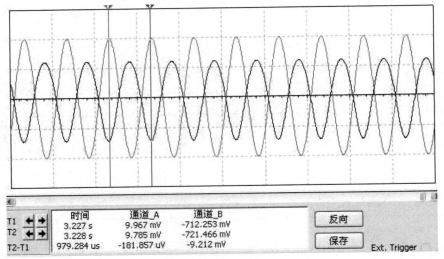

	时间	通道_A	通道_B
T1	3.227 s	9.967 mV	-712.253 mV
T2	3.228 s	9.785 mV	-721.466 mV
T2-T1	979.284 us	-181.857 uV	-9.212 mV

图 3-7　输入和输出信号的波形

实际测量输入电阻时通常采用间接测量法，因为电压表和电流表都不是理想仪器，有内阻。

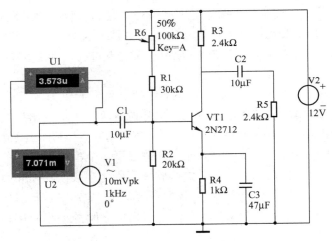

图 3-8　输入电阻的测量

（3）输出电阻测量。

输出电阻的测量采用外加激励法，将电路中的信号源置零，负载开路，在输出端接电压源、电压表和电流表，测量电压和电流，如图 3-9 所示。测得电压为 0.707V，电流为 0.311mA，则输出电阻 $R_o = u_o / i_o = 0.707/0.311 \approx 2.27\text{k}\Omega$。输出电阻与放大电路中的 R_c 大小几乎相等，分析结果与理论分析一致。

（4）通频带测量。

放大电路的幅频特性可以用波特图示仪直接测量，也可以用交流分析进行扫描。

用波特图示仪测量时，将波特图示仪放置在电路中，分别连接输入端和输出端。双击波特图示仪，设置其参数：水平 F = 1GHz，I = 1Hz，垂直 F = 100dB，I = -100dB。启动仿真，波特图示仪的测量结果如图 3-10 所示。

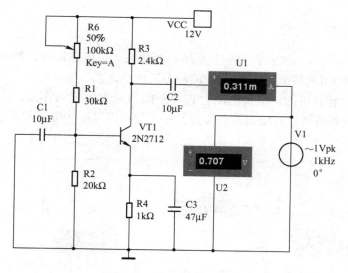

图 3-9 输出电阻的测量

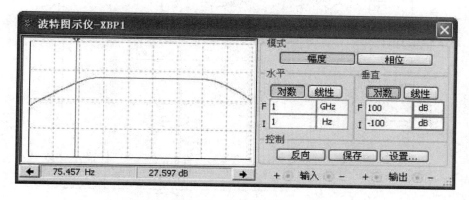

图 3-10 通频带的测量

在图 3-10 中，拖动游标到中频放大倍数的 0.707 处，读出下限截止频率 f_L 和上限截止频率 f_H，则 $BW = f_H - f_L$。

任务二 差动放大电路仿真

普通的三极管放大电路在放大交流信号时，可以采用阻容耦合连接来实现多级放大，但是要将变化慢的信号或直流信号放大只能采用直接连接，此时，如果无输入信号，温度变化或电源不稳定，会产生零点漂移。差动放大电路在结构上具有对称性，静态工作点稳定，对输入差模信号进行放大，对共模信号有很强的抑制能力，采用差动放大电路能很好地解决零点漂移问题。

差动放大器有两个输入端和两个输出端，电路使用正负对称的电源。根据电路的结构，可分为双端输入/双端输出、双端输入/单端输出、单端输入/双端输出和单端输入/单端输出4 种接法。

1. 差动放大电路的结构

如图 3-11 所示是差动放大器的基本电路，当开关 S 拨向左边时，构成典型的差动放大器。调零电位器 RP 用来调节 VT1 和 VT2 的静态工作点，使得输入信号为零时，双端输出电压 $U_o = 0$。R5 是两管共用的发射极电阻，它对差模信号无负反馈作用，因而不影响差模电压放大倍数，但对共模信号有较强的负反馈作用，故可以进一步提高差动放大器抑制共模信号的能力。

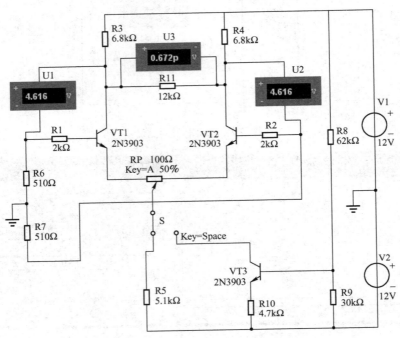

图 3-11　差动放大器的基本电路

在设计时，VT1、VT2 特性完全相同，相应的电阻也完全一致，电位器 RP 的位置在 50% 处，则当输入电压等于零时，$U_{CVT1} = U_{CVT2}$，即 $U_o = 0$。在图 3-11 中，电压表的读数 $U1 = U2 = 4.616\text{V}$，$U3 = 0.672\text{pV}$，$U3$ 近似为零。

2. 静态工作点分析

典型差动放大器电路静态工作点：

$$I_E \approx (\mid U_{CE} \mid - U_{BE})/R_E \quad （认为 U_{B1} = U_{B2} \approx 0）$$

$$I_{C1} = I_{C2} = I_E/2$$

1）调节放大器零点

信号源不接入，将放大器输入端接地，启动仿真，用电压表测量 R11 两端电压（U_o），调节零点电位器 RP，使 $U_o = 0$。

2）测量静态工作点

零点调好后，分别测量 VT1 和 VT2 各极电位及射极电阻 R_E 两端电压 U_{RE}，并记入表 3-1。

表 3-1　差动放大电路静态工作点

测量值	U_{C1}（V）	U_{B1}（V）	U_{E1}（V）	U_{C2}（V）	U_{B2}（V）	U_{E2}（V）	U_{RE}（V）
计算值	I_C（mA）			I_B（mA）		U_{CE}（V）	

3．差模电压放大倍数

当差动放大器的发射极电阻 R_E 足够大，或采用恒流源电路时，差模电压放大倍数 A_{ud} 由输出方式决定，与输入方式无关。双端输出方式差模电压放大倍数 $A_{ud} = \Delta U_o / \Delta U_i$。

本例为双端输入、双端输出模式。将函数发生器 XFG1 接入电路，调节输入信号频率为 1kHz，输入电压为 10mV，用四通道示波器分别测量输入端、两个输出端和电阻 R_E 的波形，波形如图 3-12 所示。

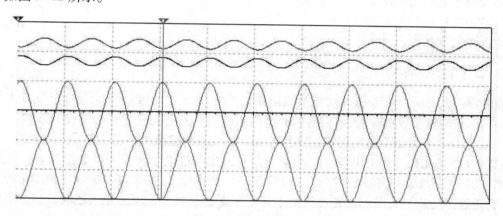

图 3-12　测量差模电压放大倍数

4．共模电压放大倍数

双端输出模式，在理想情况下，共模电压放大倍数 $A_{uc} = \Delta U_o / \Delta U_i = 0$。实际上由于元器件不可能完全对称，所以 A_{uc} 也不会绝对等于 0。

将放大器输入端短接，将函数信号发生器 XFG1 的" + "端接放大器的共同输入端，COM 接地，构成共模输入方式。调节输入信号频率为 1kHz，输入电压为 1V，在输出负载电阻 R11 两端接电压表测量输出电压。$U_{oc} = 0.36pV$，几乎为 0。

在图 3-11 中，将开关 S 拨到右边，构成具有恒流源的差动放大器电路，其电路性能会更理想。

5．共模抑制比

为了表征差动放大器对有用信号（差模信号）的放大作用和对共模信号的抑制能力，通常用一个综合指标来衡量，即共模抑制比 K_{CMRR}，$K_{CMRR} = | A_{ud} / A_{uc} |$。

任务三　功率放大电路仿真

在实际中，常常要求放大器的末级有足够大的功率去推动或控制一些设备正常工作，如扬声器的音圈振动发出声音、电动机的旋转等。这种电路通称为功率放大器，简称"功放"。

1．功率放大器

一般对功放电路的要求有：能提供足够大的输出功率；转换效率高；非线性失真小；带动负载的能力强。根据这些要求，一般多选用工作在甲乙类的射极输出器构成互补对称功率放大电路。

单电源功率放大电路（OTL）性能指标的计算公式如下。

功率放大器的输出功率：$P_o = U_o^2 / R_L$

直流电源提供的直流功率：$P_E = U_{CC} \times I_{CO}$

电路的效率：$\eta = (P_o / P_E) \times 100\%$

2．OTL 电路的结构

如图 3-13 所示为 OTL 低频功率放大电路。其中 VT1 组成推动级（也称前置放大级），VT2、VT3 是一对参数对称的 NPN 和 PNP 型晶体三极管，它们组成互补推挽 OTL 功率放大电路。由于每一个管子都接成射极输出器形式，因此具有输出电阻低，负载能力强等优点，适合作为功率输出级。VT1 工作于甲类状态，它的集电极电流表 IC1 由电位器 RP1 进行调节。IC1 的一部分流经电位器 RP2 及二极管 VD1，给 VT2 和 VT3 提供偏压。调节 RP2，可以使 VT2 和 VT3 得到合适的静态电流而工作于甲、乙类状态，以克服交越失真。静态时要求输出端中点 A 的电位 $U_A = U_{CC}/2$，可以通过调节 RP1 来实现，又由于 RP1 的一端接在 A 点，因此在电路中引入交、直流电压并联负反馈，一方面能够稳定放大器的静态工作点，另一方面也改善了非线性失真。C4 和 R 构成自举电路，用于提高输出电压正半周的幅度，以得到大的动态范围。

3．电路静态工作点的调整

将 OTL 电路的输入端对地短路，用万用表测量 A 点的电位值。启动仿真，调整 RP1 和 RP2，使 A 点的电位值为电源电压的一半，即为 6V。如果不能调整为 6V，原因是 RC1 电阻不合适，将其换为 250Ω 再调整。

4．测量最大输出功率

将示波器接在 OTL 电路的输出端和输入端，启动仿真，双击函数发生器 XFG1，弹出函数发生器面板，调节输入信号幅度，观测示波器上输出电压的波形。逐渐增大输入电压的幅度，出现削波波形，如图 3-14 所示。当用示波器观察到输出电压波形为临界削波时，此时减小输入电压幅度，使输出电压波形失真刚好消失，这时输出电压为电路的最大输出电压。此时，用示波器的游标测量 U_i 和 U_o，并计算最大输出功率，填写表 3-2。

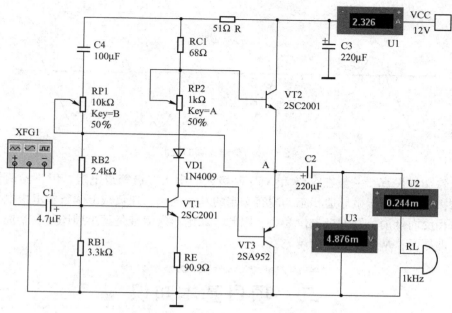

图 3-13   OTL 低频功率放大电路

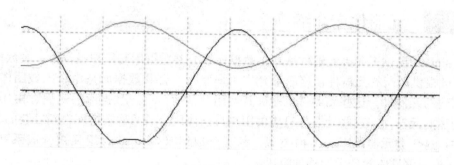

图 3-14   输出电压削波波形

断开 C4，去掉自举电路，重新测量最大输出电压，计算最大输出功率，填写表 3-2。

表 3-2   最大功率的测量

	U_i （mV）	U_o （mV）	R_L （Ω）	P_{om} （mW）	I （mA）	P_E （mW）	η
加自举							
无自举							

5．交越失真及其改善

改变 RP2 的大小，用示波器观测输出波形，如图 3-15 所示。这种在输出波形正负半周的交界处造成的波形失真称为交越失真。在 OTL 电路中，输入信号电压应足够大，必须大于三极管发射结的死区电压，管子才会导通，在死区范围是无电压输出的，所以才会出现交越失真。

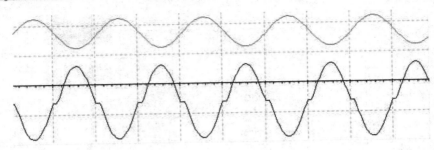

图 3-15　交越失真的波形

要消除交越失真，一般在 VT2 和 VT3 基极之间串入二极管或电阻，以供给两管一定的正向偏压，使两管处于微导通状态，即有一定的基极电流。在负载上两管集电极电流大小相等、方向相反而抵消，发射极电位为零。因此，无论输入信号是正半周还是负半周，总有一只管子立即导通，从而消除了交越失真。

二、项目基本知识

知识点一　元器件库介绍

Multisim 10 提供了 3 类元器件库：主数据库、公共数据库和用户数据库。主数据库包含了 Multisim 提供的所有元器件，该库不允许用户修改。公共数据库是由个人或团体所选择、修改或创建的元器件，这些元器件也能被其他用户使用。用户数据库用来保存由用户修改、导入或创建的元器件，这些元器件只能供用户自己使用。后两种数据库在新安装的软件中没有元器件。这 3 类元器件库的结构类似，都被分成组（Groups），组又被分成系列（Family），每一系列由具体的若干元器件组成。

主数据库包含 18 个组，每个组在元器件工具栏中对应一个图标，单击相应图标即可打开相应的组来放置元件。每个组又分成几系列，各种仿真元件分门别类地放在这些系列中供用户仿真时调用。每个元件库的系列又分为两大类：虚拟元件系列和真实元件系列。虚拟元件系列用蓝色图标表示，元件的参数可以随意调整；真实元件系列用黑色图标表示，元件的参数已经确定，是不可以改变的。

1. 电源/信号源库

电源/信号源库共分 6 个系列，如图 3-16 所示。

电源库中的所有电源都是虚拟组件，在使用时要注意以下 4 个方面：

（1）交流电源所设置电源的大小均为有效值。

（2）TTL 数字器件没有数字电源端，但必须在电路中放置数字电源才能正常工作。在进行数字电路 Real 仿真时，电路中的数字元件要接上示意性的数字接地端，并且不能与任何元器件连接，数字接地端是该电源的参考点。

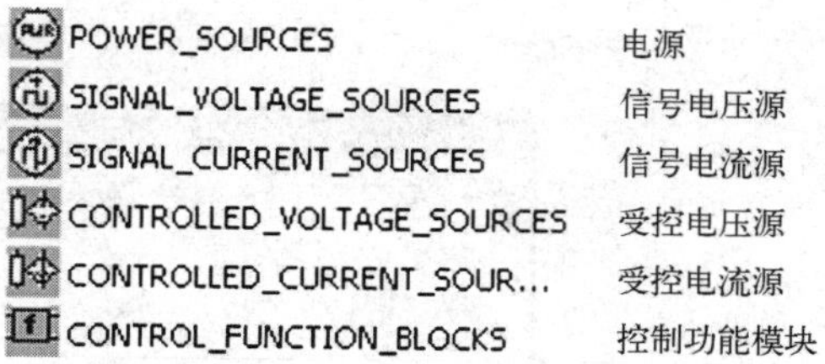

POWER_SOURCES　　　　　　　电源
SIGNAL_VOLTAGE_SOURCES　　　信号电压源
SIGNAL_CURRENT_SOURCES　　　信号电流源
CONTROLLED_VOLTAGE_SOURCES　受控电压源
CONTROLLED_CURRENT_SOUR...　受控电流源
CONTROL_FUNCTION_BLOCKS　　控制功能模块

图 3-16　电源/信号源库

（3）地是一个公共参考点，它的电位是 0V，电路中所有电压都是相对于该点的电位差。在一个电路中应当有一个且只能有一个地，Multisim 可以同时放置多个接地端。

（4）V_{CC} 电压源常作为没有明确电源引脚数字器件的电源，它必须放置在电路上。可以通过其属性对话框改变电源电压的大小，并且还可以是负值。

2．基本元件库

基本元件库共有 19 个系列，如图 3-17 所示，主要包括虚拟器件、电阻器、电容器、电感器、开关、变压器、Z 负载、继电器、连接器、插座等，绝大多数都是无源元件。

BASIC_VIRTUAL　　　　　　　基本虚拟器件
RATED_VIRTUAL　　　　　　　额定虚拟器件
3D_VIRTUAL　　　　　　　　　3D虚拟器件
RPACK　　　　　　　　　　　排阻
SWITCH　　　　　　　　　　　开关
TRANSFORMER　　　　　　　　变压器
NON_LINEAR_TRANSFORMER　　非线性变压器
Z_LOAD　　　　　　　　　　　Z负载
RELAY　　　　　　　　　　　继电器
CONNECTORS　　　　　　　　连接器
SOCKETS　　　　　　　　　　插座
SCH_CAP_SYMS　　　　　　　可编程的电路图符号
RESISTOR　　　　　　　　　　电阻器
CAPACITOR　　　　　　　　　电容器
INDUCTOR　　　　　　　　　电感器
CAP_ELECTROLIT　　　　　　　电解电容器
VARIABLE_CAPACITOR　　　　　可变电容器
VARIABLE_INDUCTOR　　　　　可变电感器
POTENTIOMETER　　　　　　　电位器

图 3-17　基本元件库

电位器是一种阻值可连续调节的电阻器，其符号如图 3-18 所示，旁边显示的数值（1kΩ）表示两个固定端之间的阻值，百分比（50%）表示滑动端下方占总阻值的百分比。电位器滑动端的控制通过旁边的 "Key =" 后边的键控制，如 Key = A 表示当按下一次 A 键时，电位器旁边的百分比增大，按 Shift + A 组合键，百分比减小，控制键通过电位器的属性对话框设置，如图 3-19 所示。

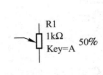

图 3-18 电位器符号   图 3-19 【电位器】属性对话框

3．二极管库

二极管库共有 10 个系列，如图 3-20 所示。LED 元件不但有单个，还有 LED 组。发光二极管使用时有正向电流流过时才产生可见光，其正向导通电压降比普通二极管大，正向导通电压降在 1.66V 以上。

⊻	DIODES_VIRTUAL	虚拟二极管
⊶	DIODE	普通二极管
⊶	ZENER	稳压二极管
⊶	LED	发光二极管
✳	FWB	单相整流桥
⊬	SCHOTTKY_DIODE	肖特基二极管
⊯	SCR	可控硅
⊯	DIAC	双向触发二极管
⊯	TRIAC	三端双向可控硅
⊶	VARACTOR	变容二极管

图 3-20 二极管库

4．晶体管库

晶体管库共有 17 个系列，如图 3-21 所示。

5．模拟集成电路元件库

模拟集成电路元件库共有 6 个系列，如图 3-22 所示。

其中，特殊功能运算放大器包括测试运算放大器、视频运算放大器、乘法器/除法器、前置放大器和有源滤波器等。

6．TTL 元件库

TTL 元件库共有 9 个系列，如图 3-23 所示。74 系列是普通型的集成电路，又称标准型 74STD。各个系列性能方面有差异，但是同一功能序号的器件功能完全相同。

TTL 系列使用普通的 +5V 电源，有些器件是复合型结构，如 74LS00N，在同一个封装里有 4 个相互独立的二输入与非门 A、B、C 和 D。

TRANSISTORS_VIR...	虚拟晶体管	
BJT_NPN	NPN晶体管	
BJT_PNP	PNP晶体管	
BJT_ARRAY	BJT晶体管阵列	
DARLINGTON_NPN	达林顿NPN晶体管	
DARLINGTON_PNP	达林顿PNP晶体管	
IGBT	绝缘栅型场效应管	
MOS_3TDN	N沟道耗尽型MOS管	
MOS_3TEN	N沟道增强型MOS管	
MOS_3TEP	P沟道增强型MOS管	
JFET_N	N沟道JFET	
JFET_P	P沟道JFET	
POWER_MOS_N	N沟道功率MOSFET	
POWER_MOS_P	P沟道功率MOSFET	
POWER_MOS_COMP	COMP功率MOSFET	
UJT	单结型晶体管	
THERMAL_MODELS	热效应管	

图 3-21　晶体管库

ANALOG_VIRTUAL	虚拟模拟集成电路	
OPAMP	运算放大器	
OPAMP_NORTON	诺顿运算放大器	
COMPARATOR	比较器	
WIDEBAND_AMPS	宽频运算放大器	
SPECIAL_FUNCTION	特殊功能运算放大器	

图 3-22　模拟集成电路元件库

74STD	74STD系列TTL数字集成电路	
74STD_IC	74STD-IC系列TTL数字集成电路	
74S	74S系列TTL数字集成电路	
74S_IC	74S-IC系列TTL数字集成电路	
74LS	74LS系列TTL数字集成电路	
74LS_IC	74LS-IC系列TTL数字集成电路	
74F	74F系列TTL数字集成电路	
74ALS	74ALS系列TTL数字集成电路	
74AS	74AS系列TTL数字集成电路	

图 3-23　TTL 元件库

7. CMOS 元件库

CMOS 元件库共有 3 类 14 个系列，如图 3-24 所示，主要包括 4000 系列、74HC 系列和 TinyLogic 的 NC7 系列的 CMOS 数字集成逻辑器件。CMOS 数字集成逻辑器件，其工作时的电源电压是不同的，每个系列都给出了工作电压，使用时要选择合适的供电电压。

8. 其他数字元件库

TTL 和 CMOS 元件库中的元件都是按元件的序号排列的，如果按照其功能存放，使用起来会方便很多。其他数字元件库中的元件是把常用的数字元件按照其功能存放的，它们多是虚拟元件，共分 4 个系列，如图 3-25 所示。

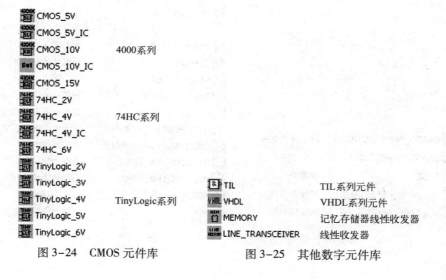

图 3-24　CMOS 元件库　　　图 3-25　其他数字元件库

9. 混合元件库

混合元件库共分为 5 个系列，如图 3-26 所示，主要包括虚拟混合器件、模拟开头、定时器、模/数—数模转换器和多谐振荡器。

10. 指示元件库

指示元件库共分为 8 个系列，如图 3-27 所示。

电压表和电流表测量范围为无限大，显示的测量值是有效值，在仿真过程中改变了电路的某些参数，需重新启动仿真再读数。探测器在使用时只需接一端，但是必须达到门槛电压时才发光，用于测试电路中某点逻辑电平的高低。数码管在使用时要注意它的公共端的连接电压，还要注意驱动电流和正向电压，否则数码管不显示。

MIXED_VIRTUAL	虚拟混合器件	VOLTMETER	电压表头
ANALOG_SWITCH	模拟开头	AMMETER	电流表头
TIMER	定时器	PROBE	探测器
ADC_DAC	模/数—数/模转换器	BUZZER	蜂鸣器
MULTIVIBRATORS	多谐振荡器	LAMP	灯泡
		VIRTUAL_LAMP	虚拟灯泡
		HEX_DISPLAY	数码管
		BARGRAPH	柱形指示器

图 3-26　混合元件库　　　　　图 3-27　指示元件库

11. 电源模块库

电源模块库共分为 5 个系列，如图 3-28 所示。

12. 杂项元件库

该库把不便划归某一类型元件库中的元件放在一起，故称杂项元件库，它共分为 13 个系列，如图 3-29 所示。

		MISC_VIRTUAL	虚拟杂项器件
		TRANSDUCERS	传感器
		OPTOCOUPLER	光电耦合器
		CRYSTAL	石英晶体振荡器
		VACUUM_TUBE	真空管
		BUCK_CONVERTER	开关电源降压变压器
		BOOST_CONVERTER	开关电源升压变压器
		BUCK_BOOST_CONVERTER	开关电源升降压变压器
BASSO_SMPS_AUXILIARY	辅助开关电源	LOSSY_TRANSMISSION_L...	有损传输线
BASSO_SMPS_CORE	开头电源芯片	LOSSLESS_LINE_TYPE1	有损传输线1
FUSE	熔断器	LOSSLESS_LINE_TYPE2	有损传输线2
VOLTAGE_REFERENCE	电压参考器	MISC	其他杂项元件
VOLTAGE_REGULATOR	电压调节器	NET	网络元件

图 3-28　电源模块库　　　　　图 3-29　杂项元件库

13. 高级外围设备元件库

高级外围设备元件库共分为 4 个系列，如图 3-30 所示。这些外围设备元件可以在电路设计中作为输入和输出设备，属于交互式元件，不能编辑和修改，只能通过属性对话框设置参数。

14. 射频元件库

射频元件库共分为 8 个系列，如图 3-31 所示。

KEYPADS	微型键盘	RF_CAPACITOR	射频电容器
LCDS	液晶显示器	RF_INDUCTOR	射频电感器
TERMINALS	终端设备	RF_BJT_NPN	射频NPN型晶体管
MISC_PERIPHERALS	其他外设	RF_BJT_PNP	射频PNP型晶体管
		RF_MOS_3TDN	射频MOSFET
		TUNNEL_DIODE	隧道二极管
		STRIP_LINE	带状传输线
		FERRITE_BEADS	铁氧体磁珠

图 3-30　高级外围设备元件库　　　　图 3-31　射频元件库

15. 机电类元件库

机电类元件库包含开关、继电器等，共分为 8 个系列，如图 3-32 所示。

16. 微型控制器（MCU）元件库

微型控制器（MCU）元件库包含 8051 和 PIC 系列单片机及存储器等，共分为 4 个系列，如图 3-33 所示。

SENSING_SWITCHES	感测开关		
MOMENTARY_SWITCHES	瞬时开关		
SUPPLEMENTARY_CONTA...	附加触点开关		
TIMED_CONTACTS	同步的触点开关		
COILS_RELAYS	线圈和继电器	805x	8051、8052单片机
LINE_TRANSFORMER	线性变压器	PIC	PIC系列单片机
PROTECTION_DEVICES	保护装置	RAM	随机存储器
OUTPUT_DEVICES	输出装置	ROM	只读存储器

图 3-32　机电类元件库　　　　图 3-33　微型控制器元件库

17. 梯形图元件库

梯形图元件库共分为 7 个系列，如图 3-34 所示。

LADDER_RUNGS	梯形图梯级
LADDER_IO_MODULES	梯形图输入/输出模块
LADDER_RELAY_COILS	梯形图继电器线圈模块
LADDER_CONTACTS	梯形图触点
LADDER_COUNTERS	梯形图计数器
LADDER_TIMERS	梯形图定时器
LADDER_OUTPUT_COILS	梯形图输出线圈

图 3-34　梯形图元件库

知识点二　波特图示仪

波特图示仪（Bode Plotter）是通过测量电路的幅频特性和相频特性从而得到电路的频率响应的常用仪器，特别对滤波器分析是最有利的工具。

1．连接

波特图示仪的图标、符号图和面板如图 3-35 所示。

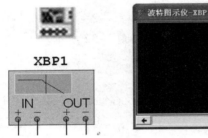

图 3-35　波特图示仪的图标、符号图和面板

波特图示仪有两组引脚，左侧为一对输入端，与被测电路输入端相连；右侧为一对输出端，与被测电路输出端相连。

2．面板操作

双击波特图示仪的符号，会弹出波特图示仪的面板，如图 3-35 所示。波特图示仪的面板主要由显示区、游标测量显示区、模式选择区、坐标设置区和控制区 5 部分组成，具体如下。

（1）模式选择区：【幅度】为幅频特性显示测量按钮；【相位】为相频特性显示测量按钮。

（2）坐标设置区：【水平】栏为 X 轴设置区，用来设置频率的初始值和终止值。

对数：用来设置 X 轴对数刻度坐标。

线性：用来设置 X 轴等刻度坐标。

F：用来设置 X 轴频率终止值及其单位。

I：用来设置 X 轴频率初始值及其单位。

【垂直】栏为 Y 轴设置区，用来设置幅度的初始值和终止值，与水平设置区类似。

（3）控制区。

反向：用来改变显示区的背景颜色（黑色或白色）。

保存：用来保存显示的波形。

设置：用来设置采样率显示的点数。

（4）显示区：位于面板左侧的黑色区域，用来显示幅频特性或相频特性的波形。

（5）游标测量显示区：在显示区的下方，当使用游标时，该区域显示游标所在位置的频率值和相位或幅度值。

3．应用举例

用波特图示仪测量 RC 一阶低通滤波器的频率特性，电路连接如图 3-36 所示，测试结果如图 3-37 所示。使用波特图示仪时，电路输入端必须加交流信号源，但信号源输入对波特图示仪的频率特性分析结果并没有影响。

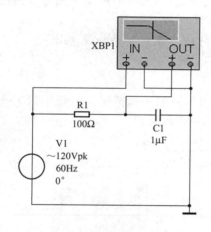

图 3-36　频率特性的测试电路

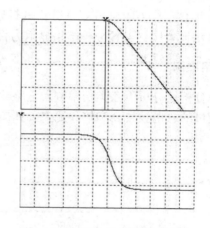

图 3-37　幅度和相位的测试结果

知识点三　失真分析仪

失真分析仪（Distortion Analyzer）是测试电路总谐波失真和信噪比的仪器，它测量的频率范围为 20Hz ～ 100kHz。

1．连接

失真分析仪只有一个输入端，与被测电路的输出端连接。失真分析仪的图标、符号图和面板如图 3-38 所示。

图 3-38　失真分析仪的图标、符号图和面板

2．面板操作

双击失真分析仪的符号，会弹出失真分析仪的面板，如图 3-38 所示。失真分析仪的面板主要由显示区、分析设置区、仪器开关区、控制区和显示设置区 5 部分组成，具体如下。

（1）显示区：用来显示测量结果。

（2）仪器开关区：有【启动】和【停止】两个按钮，用来启动和停止测试。

（3）分析设置区：【基频】用来设置基准频率；【频率分辨率】用来设置频率分辨率。

（4）控制区：【THD】用于测试分析总谐波失真；【SINAD】用于测量分析信噪比失真；【设置】按钮用来对 THD 和 SINAD 分析进行设置。

（5）显示设置区：设置分析结果显示为百分比（％）还是分贝（dB）。

3．应用举例

用失真分析仪分析甲乙类功率放大电路输出信号的失真情况，电路如图 3-39 所示。失真分析仪测量的总谐波失真和信噪比失真如图 3-40 所示。

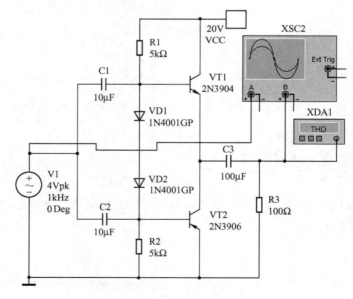

图 3-39　失真分析仪测量电路

图 3-40 失真分析仪的测量结果

知识点四 电流探针和测量探针

1. 电流探针

电流探针（Current Probe）类似于工业电流夹，可以在线带电进行测量。其工作原理为：电流探针测量电子在导线内运动时生成的磁场，在电流探针的量程范围内，导线周围的磁场被转换成线性电压输出，可以在示波器或其他测量仪器上显示和分析线性电压输出。也就是说，电流探针需要与示波器或其他测量仪器连接才能使用。

1）电流探针的设置

电流探针的符号和属性对话框如图 3-41 所示。

图 3-41 电流探头的符号和属性对话框

在【电流探针属性】对话框中，【电压/电流比】表示电流转换为电压的比率，即测量得到的电流值以多大的比率转换为电压信号后再传给示波器等观测仪器。

2）电流探针的应用

按图 3-42 所示连接电路，将电流探针套接在被测点上，电流探针的引线接示波器的输入端口，启动仿真，在示波器上就可以看到被测导线上电流的变化波形，如图 3-43 所示。

2. 测量探针

测量探针（Measurement Probe）可以用来对电路的某个节点的电压或某条支路的电流及频率等特性进行动态测试，使用方式灵活方便。

1）测量探针的功能

测量探针有动态测试和静态测试两种工作方式。

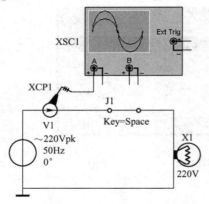

XSC1   Ext Trig

XCP1

J1
Key=Space

V1
~220Vpk
50Hz
0°

X1
220V

图 3-42   电流探针的测试电路

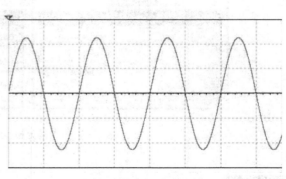

图 3-43   示波器的波形

动态测试：在仿真过程中，测量笔用鼠标指针移动到电路任何点时，会自动显示该点的电压（包括瞬时电压、峰-峰值、有效值和直流电压）和频率，如图 3-44 所示。

静态测试：在仿真前或仿真过程中，将测量笔放置在测试位置上，仿真时会自动显示该节点的电特性（电压、电流和频率），如图 3-44 所示。

V: 12.0V
V(峰-峰): 0V
V(有效值): 0V
V(直流): 12.0V

V: 10.3A   I: 5.13mA
V(峰-峰): 1.97A   I(峰-峰): 1.43mA
V(有效值): 9.52A   I(有效值): 4.66mA
V(直流): 9.50A   I(直流): 4.63mA
频率: 1.00kHz   频率: 1.00kHz

图 3-44   测量探针动态和静态结果

2）测量探针的应用

按图 3-45 所示连接电路，在电路中放入静态探针，启动仿真，将测量笔用鼠标指针移动到电路任意一点，显示的为动态测试。

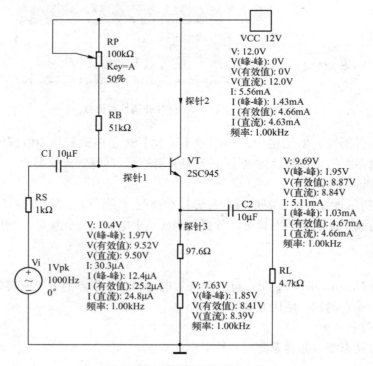

VCC 12V
V: 12.0V
V(峰-峰): 0V
V(有效值): 0V
V(直流): 12.0V
I: 5.56mA
I(峰-峰): 1.43mA
I(有效值): 4.66mA
I(直流): 4.63mA
频率: 1.00kHz

RP
100kΩ
Key=A
50%

探针2

RB
51kΩ

C1 10μF

探针1

VT
2SC945

V: 9.69V
V(峰-峰): 1.95V
V(有效值): 8.87V
V(直流): 8.84V
I: 5.11mA
I(峰-峰): 1.03mA
I(有效值): 4.67mA
I(直流): 4.66mA
频率: 1.00kHz

C2
10μF

RS
1kΩ

探针3

97.6Ω

RL
4.7kΩ

Vi
1Vpk
1000Hz
0°

V: 10.4V
V(峰-峰): 1.97V
V(有效值): 9.52V
V(直流): 9.50V
I: 30.3μA
I(峰-峰): 12.4μA
I(有效值): 25.2μA
I(直流): 24.8μA
频率: 1.00kHz

V: 7.63V
V(峰-峰): 1.85V
V(有效值): 8.41V
V(直流): 8.39V
频率: 1.00kHz

图 3-45   测量探针的测试电路

知识点五　电路分析方法

Multisim 10 具有较强的分析功能，执行菜单【仿真】→【分析】命令，弹出图 3-46 所示的仿真分析主菜单，Multisim 10 提供了 18 种分析工具。利用这些工具可以了解电路的基本状况、测量和分析电路的各种响应，其分析精度和测量范围比用实际仪器测量的精度高、范围宽。

1. 直流工作点分析

直流工作点分析也称静态工作点分析，主要用来计算电路的静态工作点。电路的直流分析是在电路中电容开路、电感短路时，计算电路的直流工作点，即在恒定激励条件下求电路的稳态值。

首先创建如图 3-47 所示的单管放大电路，然后执行菜单【仿真】→【分析】→【直流工作点分析】命令，弹出如图 3-48 所示的【直流工作点分析】对话框，进入直流工作点分析状态。【直流工作点分析】对话框有【输出】、【分析选项】和【摘要】3 个选项卡，分别介绍如下。

（1）输出。

①【电路变量】栏：列出的是电路中可用于分析的节点和变量。单击【电路变量】窗口中的下拉箭头按钮，可以给出变量类型选择表。在变量类型选择表中可以选择：电压和电流、电压、电流、设备/模型参数、所有变量等选项。

直流工作点分析...
交流分析...
瞬变分析...
傅里叶分析...
噪声分析...
噪声图形分析...
失真度分析...
DC Sweep...
灵敏度分析...
参数扫描分析...
温度扫描分析...
极点和零点...
传输函数...
最坏情况分析...
蒙特卡罗...
铜箔宽度分析...
Batched Analysis...
用户定义分析...

图 3-46　仿真分析主菜单

单击该栏下的【Filter Unselected Variables】按钮，可以增加一些变量。单击此按钮，弹出【过滤节点】对话框，如图 3-49 所示。该对话框有 3 个选项，可以选择【显示内部节点】、【显示子模块】和【显示开路引脚】。

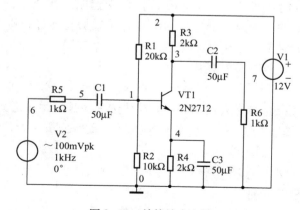

图 3-47　单管放大电路

图 3-48　【直流工作点分析】对话框

图 3-49　【过滤节点】对话框

②【更多选项】区：该选项区共有 3 个按钮。

Add device/model parameter：可以弹出【添加设备/模型】参数对话框，增加某个元件/模型的参数。

Delete selected variables：表示删除已通过【Add device/model parameter】按钮选择到【Variables in circuit】栏中的变量。

③【分析所选变量】栏：列出的是确定需要分析的节点。

默认状态下为空，用户需要从【电路变量】栏中选取，方法是：首先选中左边的【电路变量】栏中需要分析的一个或多个变量，再单击【添加】按钮，则这些变量出现在【分析所选变量】栏中。如果不想分析其中已选中的某一个变量，可先选中该变量，单击【删除】按钮即将其移回【电路变量】栏内。

（2）分析选项。

① SPICE 选项：用来选择是采用 Multisim 默认选项还是采用自定义设置。

② 其他选项：用来选择在进行分析前是否执行一致性分析、设定最大取样点数、输入要进行分析的名称等。

（3）摘要。在【摘要】选项卡中，给出了所有设定的参数和选项，用户可以检查确认所要进行的分析设置是否正确。

（4）确定：单击【确定】按钮可以保存所有的设置。

（5）取消：单击【取消】按钮即可放弃设置。

（6）仿真：单击【仿真】按钮即可进行仿真分析，得到仿真分析结果。

在如图 3-47 所示单管放大电路中，选择节点 1、3、4 的电压作为分析变量，其结果如图 3-50 所示。

根据以上数据，可以计算静态工作点：

$U_B = U_1 = 3.90517 \text{V}$；

$U_E = U_4 = 3.28579 \text{V}$；

$U_C = U_3 = 8.74266 \text{V}$；

$U_{BE} = 0.62 \text{V}$；

$U_{CE} = 5.46 \text{V}$。

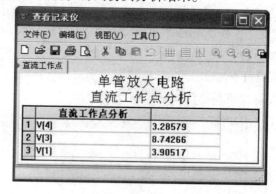

图 3-50　单管放大电路直流工作点分析的分析结果

2. 交流分析

交流分析用于分析电路的频率特性。需先选定被分析的电路节点，在分析时，电路中的直流源将自动置零，交流信号源、电容、电感等均处在交流模式，输入信号也设定为正弦波形式。若把函数信号发生器的其他信号作为输入激励信号，在进行交流频率分析时，会自动把它作为正弦信号输入。因此输出响应也是该电路交流频率的函数。

在图 3-47 所示的单管放大电路中，执行菜单【仿真】→【分析】→【交流分析】命令，弹出如图 3-51 所示的【交流小信号分析】对话框，进入交流分析状态。【交流小信号分析】对话框有【频率参数】、【输出】、【分析选项】和【摘要】4 个选项卡，其中【输出】、【分析选项】和【摘要】3 个选项卡的设置同直流工作点分析，【频率参数】可以确定分析的【开始频率】、【终止频率】、【扫描类型】、【每十频程点数】和【纵向坐标】等参数，分别介绍如下。

（1）开始频率：设置分析的开始频率，默认设置为 1Hz。

（2）终止频率：设置扫描终止频率，默认设置为 10GHz。

（3）扫描类型：设置分析的扫描方式，包括十倍频程、倍频程和线性。默认设置为十倍频程扫描，以对数方式展现。

（4）每十频程点数：设置每十倍频率的分析采样数，默认为 10。

（5）纵坐标：坐标刻度形式有线性、对数、分贝和倍频程。默认设置为对数形式。

（6）重置为默认：单击此按钮，即可恢复默认值。

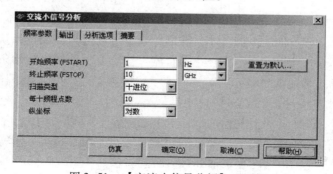

图 3-51　【交流小信号分析】对话框

在图 3-47 所示单管放大电路中，选择 7 号节点作为分析点，交流分析的结果如图 3-52 所示。上面的曲线是幅频特性，下面的曲线是相频特性。执行菜单【视图】→【显示/隐藏游标】，在幅频特性曲线上，显示两个能用鼠标移动的游标，并同时打开数字说明窗口，显示两个游标相对应的 X、Y 坐标及其坐标差等信息，如图 3-53 所示。将两个游标移动到上、下限截止频率处时，可从游标数字窗口中读出电路的通频带 dx ≈ 2.9MHz。交流分析的结果还可以通过波特图示仪测量显示。

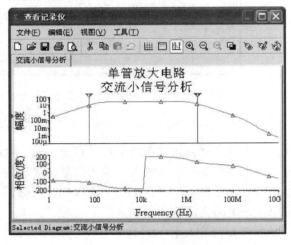 

图 3-52　交流分析结果　　　　　　　图 3-53　游标数字窗口

3．瞬态分析

瞬态分析是指对所选定的电路节点的时域响应，即观察该节点在整个显示周期中每一时刻的电压波形。在进行瞬态分析时，直流电源保持常数，交流信号源随着时间而改变，电容和电感都是能量储存模式元件。

在如图 3-54 所示的二极管整流滤波电路中，执行菜单【仿真】→【分析】→【瞬态分析】命令，弹出如图 3-55 所示的【瞬态分析】对话框，进入瞬态分析状态。【瞬态分析】对话框有【分析参数】、【输出】、【分析选项】和【摘要】4 个选项卡，【分析参数】的设置如下。

（1）Initial conditions（初始条件）：可以选择初始条件，单击【Initial Conditions】栏中的下拉箭头按钮，可以给出初始条件选择表。在初始条件选择表中可以选择：设置为 0、用户自定义、计算直流工作点、自动确定初始条件。

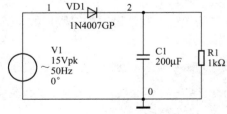

图 3-54　二极管整流滤波电路

（2）参数：可以对时间间隔和步长等参数进行设置，包括【开始时间】、【终止时间】和【最大时间步长设置】。

（3）更多选项：选择【设置初始时间步长】复选框，可以由用户自行确定起始时间步，步长大小输入在其右边栏内，如不选择，则由程序自动约定。选择【基于网络列表估算最大的时间步长】复选框，根据网表来估算最大时间步长。

在图 3-54 所示的二极管整流滤波电路中,选择 1 号和 2 号节点作为分析点,分析参数的设置上只将分析结束时间设置为 0.1s,其余设置采用系统的默认设置,瞬态分析的结果如图 3-56 所示。其中,上面的曲线是 2 号节点的电压波形,下面的曲线是 1 号节点的电压波形。瞬态分析的结果也可通过示波器显示,不同的是它可以同时显示所有节点的电压波形。

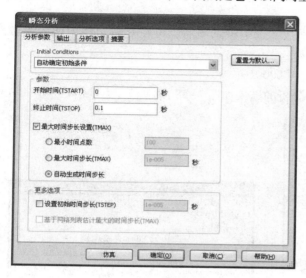

图 3-55 【瞬态分析】对话框

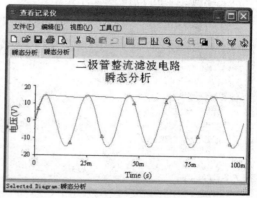

图 3-56 瞬态分析的结果

4. 傅里叶分析

傅里叶分析方法用于分析一个时域信号的直流分量、基频分量和谐波分量,即把被测节点处的时域变化信号做离散傅里叶变换,求出它的频域变化规律。在进行傅里叶分析时,必须首先选择被分析的节点,一般将电路中的交流激励源的频率设定为基频,若在电路中有几个交流源时,可以将基频设定在这些频率的最小公因数上。比如有一个 10.5kHz 和一个 7kHz 的交流激励源信号,则基频可取 0.5kHz。

在图 3-47 所示的单管放大电路中,执行菜单【仿真】→【分析】→【傅里叶分析】命令,弹出如图 3-57 所示的【傅里叶分析】对话框,进入傅里叶分析状态。【傅里叶分析】对话框有【分析参数】、【输出】、【分析选项】和【摘要】4 个选项卡,【分析参数】的设置如下。

(1)采样选项区:可以对傅里叶分析的基本参数进行设置。

频率分辨率(基频):设置基频。如果电路中有多个交流信号源,则取各信号源频率的最小公倍数。如果不知道如何设置时,可以单击【估算】按钮,由程序自动设置。

谐波数:设置希望分析的谐波的次数。

采样终止时间:设置停止取样的时间。如果不知道如何设置时,也可以单击【估算】按钮,由程序自动设置。

(2)结果区:选择仿真结果的显示方式。

显示相位:可以显示幅频及相频特性。

以条状图显示:可以以线条显示出频谱图。

标准图：可以显示归一化的频谱图。

在【显示】列表中可以选择所要显示的项目，有 3 个选项：图表、曲线及图表和曲线。

在【纵坐标】列表中可以选择频谱的纵坐标刻度，其中包括线性、对数、分贝和倍频程。

（3）更多选项区。

内插多项式等级：可以设置多项式的维数，选中该选项后，可在其右边栏中输入维数值。多项式的维数越高，仿真运算的精度越高。

采样频率：可以设置取样频率，默认为 100000Hz。

分析参数按图 3-57 所示设置，傅里叶分析的结果如图 3-58 所示。

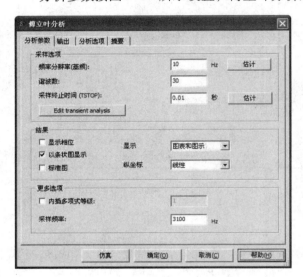

图 3-57　【傅里叶分析】对话框

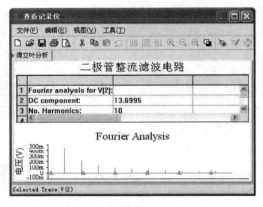

图 3-58　傅里叶分析结果

5. 噪声分析

噪声分析用于检测电子线路输出信号的噪声功率幅度，用于计算、分析电阻或晶体管的噪声对电路的影响。在分析时，假定电路中各噪声源是互不相关的，因此它们的数值可以分开各自计算。总的噪声是各噪声在该节点的和（用有效值表示）。

在图 3-47 所示的单管放大电路中，执行菜单【仿真】→【分析】→【噪声分析】命令，弹出如图 3-59 所示的【噪声分析】对话框，进入噪声分析状态。【噪声分析】对话框有【分析参数】、【频率参数】、【输出】、【分析选项】和【摘要】5 个选项卡，【分析参数】的设置如下。

输入噪声参考源：选择作为噪声输入的交流电压源。默认设置为电路中的编号为第 1 的交流电压源。

输出节点：选择作测量输出噪声分析的节点。默认设置为电路中编号为第 1 的节点。

参考节点：选择参考节点。默认设置为接地点。

设置单位摘要的点：当选择此选项时，输出显示的噪声分布为曲线形式。未选择时，输出显示为数据形式。

分析参数按图 3–59 所示设置，选择 V2 作为输入噪声的参考电源，7 号节点为噪声响应的输出节点，在输出选项中选择晶体管和偏置电阻 R1 为提供噪声的元件，噪声分析的结果如图 3–60 所示。

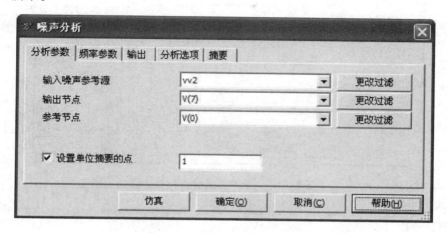

图 3–59　【噪声分析】对话框

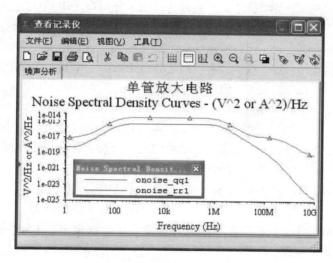

图 3–60　噪声分析结果

6. 噪声系数分析

噪声系数分析主要用于衡量电路输入/输出信噪比的变化程度。在如图 3–47 所示的单管放大电路中，执行菜单【仿真】→【分析】→【噪声系数分析】命令，弹出如图 3–61 所示的【噪声系数分析】对话框，进入噪声系数分析状态。【噪声系数分析】对话框有【分析参数】、【分析选项】和【摘要】3 个选项卡，【分析参数】的设置和噪声分析基本相同。

在图 3–61 中，设置分析参数，选择信号源 V2 作为输入噪声的参考源，7 号节点为噪声响应的输出节点，选择地为参考节点，噪声系数分析的结果如图 3–62 所示。噪声系数为 74.0896dB。

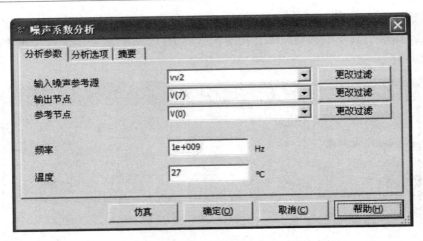

图 3-61 【噪声系数分析】对话框

7. 失真分析

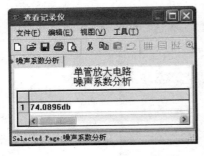

图 3-62 噪声系数分析的结果

失真分析用于分析电子电路中的谐波失真和内部调制失真（互调失真），通常非线性失真会导致谐波失真，而相位偏移会导致互调失真。若电路中有一个交流信号源，该分析能确定电路中每一个节点的二次谐波和三次谐波的复值，若电路有两个交流信号源，该分析能确定电路变量在 3 个不同频率处的复值：两个频率之和的值、两个频率之差的值及二倍频与另一个频率的差值。该分析方法是对电路进行小信号的失真分析，适合观察在瞬态分析中无法看到的、比较小的失真。

在图 3-47 所示的单管放大电路中，执行菜单【仿真】→【分析】→【失真分析】命令，弹出如图 3-63 所示的【失真分析】对话框，进入失真分析状态。【失真分析】对话框有【分析参数】、【输出】、【分析选项】和【摘要】4 个选项卡，【分析参数】的设置和交流分析的分析参数基本相同。

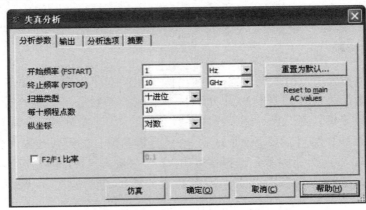

图 3-63 【失真分析】对话框

在图 3-63 中，若选择【F2/F1 比率】时，分析两个不同频率（F1 和 F2）的交流信号源，分析结果为（F1 + F2）、（F1 – F2）及（2F1 – F2），相对频率 F1 的互调失真。可以输入 F2/F1 的比值，该比值应该在 0 ～ 1 之间。若不选择【F2/F1 比率】时，分析结果为 F1 作用时产生的二次谐波、三次谐波失真。

8. 直流扫描分析

直流扫描分析是利用一个或两个直流电源分析电路中某一节点上的直流工作点的数值变化的情况。如果电路中有数字器件，可将其当做一个大的接地电阻处理。

当只考虑一个直流电源对指定节点直流状态的影响时，直流扫描分析的过程相当于每改变一次直流电源的数值就计算一次指定节点的直流状态，其结果是一条指定节点直流状态与直流电源参数间的关系曲线。

在如图 3-47 所示的单管放大电路中，执行菜单【仿真】→【分析】→【直流扫描分析】命令，弹出如图 3-64 所示的【直流扫描分析】对话框，进入直流扫描分析状态。【直流扫描分析】对话框有【分析参数】、【输出】、【分析选项】和【摘要】4 个选项卡，【分析参数】的设置如下。

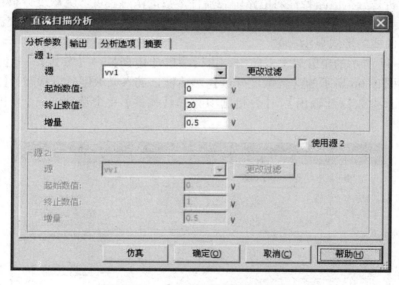

图 3-64　【直流扫描分析】对话框

在【分析参数】选项卡中有【源 1】和【源 2】两个栏，栏中的各选项相同。如果需要指定第 2 个电源，则需要选择【使用源 2】复选框。

源：可以选择所要扫描的直流电源。

起始数值：设置开始扫描的数值。

终止数值：设置结束扫描的数值。

增量：设置扫描的增量值。

在如图 3-47 所示的单管放大电路中，只有一个直流电源，所以只选择直流电源 V1，在【分析参数】中，设置直流电源扫描的开始数值为 0V、结束数值为 12V、扫描电压增量为 0.5V，选定 1、3、4 号节点作为需要分析的节点，直流扫描分析的结果如图 3-65 所示。

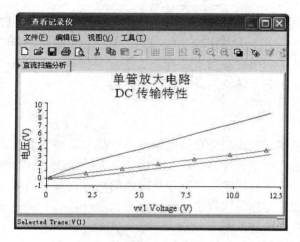

图 3-65　直流扫描分析的结果

9．灵敏度分析

灵敏度分析是分析电路特性对电路中元器件参数的敏感程度。灵敏度分析包括直流灵敏度分析和交流灵敏度分析。直流灵敏度分析的仿真结果以数值的形式显示，交流灵敏度分析的仿真结果以曲线的形式显示。

在如图 3-47 所示的单管放大电路中，执行菜单【仿真】→【分析】→【灵敏度分析】命令，弹出如图 3-66 所示的【灵敏度分析】对话框，进入灵敏度分析状态。【灵敏度分析】对话框有【分析参数】、【输出】、【分析选项】和【摘要】4 个选项卡，【分析参数】的设置如下。

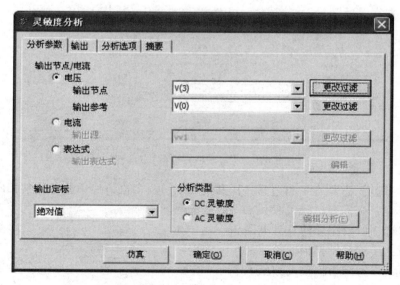

图 3-66　【灵敏度分析】对话框

（1）输出节点/电流。

电压：可以进行电压灵敏度分析。选择该项后即可在其下面的【输出节点】下拉列表内选定要分析的输出节点；在【输出参考】下拉列表内选择输出端的参考节点。

电流：可以进行电流灵敏度分析。电流灵敏度分析只能对信号源的电流进行分析，在选择该项后即可在其下面的【输出源】下拉列表内选择要分析的信号源

表达式：可以输出一个表达式。

（2）输出定标：可以选择灵敏度输出格式，有相对和绝对两个选项。

（3）分析类型。

DC灵敏度：进行直流灵敏度分析，分析结果将产生一个表格。

AC灵敏度：进行交流灵敏度分析，分析结果将产生一个分析图。选择交流灵敏度分析后，单击【编辑分析】按钮，进入灵敏度交流分析对话框，参数设置与交流分析相同。

在如图3-47所示的单管放大电路中，选择直流灵敏度分析，选择3号节点为分析节点，地为参考节点，在输出选项中选定电阻R1、R2、R3、R4和直流源V1为灵敏度分析指定元件，直流灵敏度分析的结果如图3-67所示。

如果选择交流灵敏度分析，选择7号节点为分析节点，地为参考节点，在输出选项中选定电阻R1、R2、R3、R4和电容C1、C2、C3为灵敏度分析指定元件，交流灵敏度分析的结果如图3-68所示。

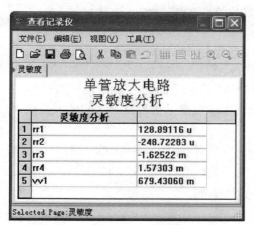

图3-67　直流灵敏度分析的结果

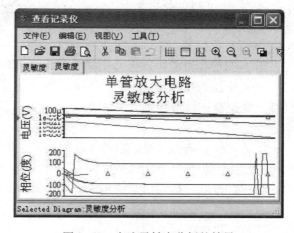

图3-68　交流灵敏度分析的结果

10. 参数扫描分析

采用参数扫描方法分析电路，可以较快地获得某个元件的参数在一定范围内变化时对电路的影响。相当于在规定范围内改变指定元件参数，对电路的指定节点进行直流工作点分析、交流小信号分析、瞬态分析或嵌套扫描等。该分析可用于电路性能的优化，对于数字器件，在进行参数扫描分析时将被视为高阻接地。

在如图3-47所示的单管放大电路中，执行菜单【仿真】→【分析】→【参数扫描分析】命令，弹出如图3-69所示的【参数扫描分析】对话框，进入参数扫描分析状态。【参数扫描分析】对话框有【分析参数】、【输出】、【分析选项】和【摘要】4个选项卡，【分析参数】的设置如下。

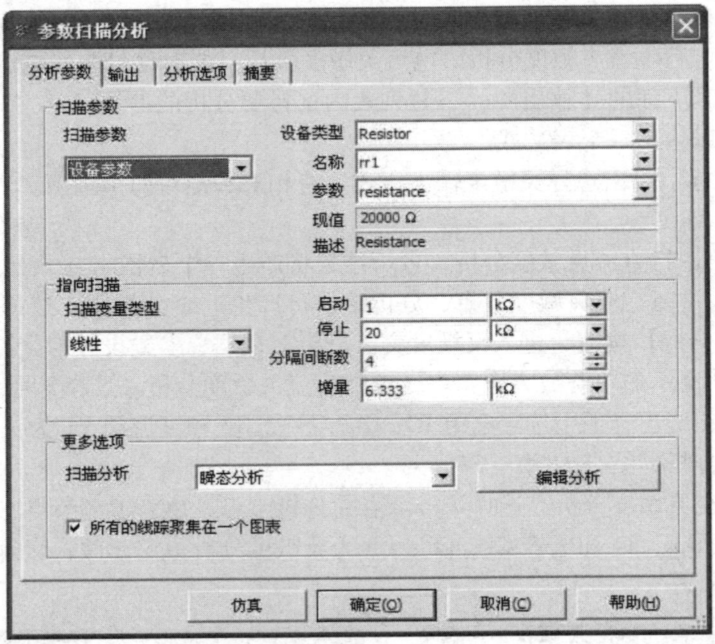

图 3-69 【参数扫描分析】对话框

（1）扫描参数：可以选择扫描的元件及参数。

扫描参数：可以进行电压灵敏度分析。在【扫描参数】下面的下拉列表中可选择的扫描参数类型有：设备参数或模型参数。选择不同的扫描参数类型后，将有不同的项目供进一步选择。

设备类型：选择所要扫描的元件种类，这里包括了电路图中所用到的元件种类，如 Capacitor（电容器类）、BJT（晶体管类）、Resistor（电阻类）和 Vsource（电压源类）等。

名称：可以选择要扫描的元件序号，如 rr1（电阻 R1）。

参数：可以选择要扫描元件的参数。

现值：目前该元件的参数值。

描述：元件参数的描述。

（2）指向扫描：可以选择扫描方式。

扫描变量类型：可以选择扫描变量的类型有线性、十进位、倍频程和指令列表。

启动：可以输入开始扫描的值。

停止：可以输入结束扫描的值。

分隔间断数：可以输入扫描的点数。

增量：可以输入扫描的增量。

如果选择【指令列表】选项，则其右边将出现数值列表栏，此时可在栏中输入所取的值。如果要输入多个不同的值，则在数字之间以空格、逗点或分号隔开。

（3）更多选项：可以选择分析类型。

在【扫描分析】下拉列表中可以选择分析类型，有直流工作点分析、交流小信号分析、瞬态分析和嵌套扫描可供选择。在选定分析类型后，可单击【编辑分析】按钮对该项分析进行进一步编辑设置。

在如图 3-47 所示的单管放大电路中进行【分析参数】设置，选择偏置电阻 R1 为扫描元件，R1 的启动值为 1kΩ，结束值为 20kΩ，扫描点数为 4，分析类型为瞬态分析，瞬态分析结束时间为 0.01s，在输出选项中选定 7 号节点作为需要分析的节点，参数扫描分析的结果如图 3-70 所示。

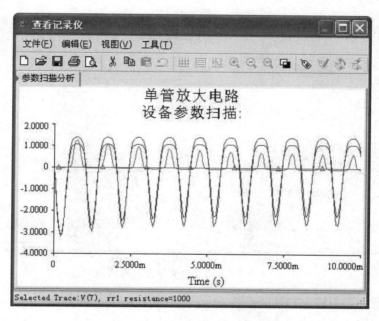

图 3-70　参数扫描分析的结果

11. 温度扫描分析

温度扫描分析是指在规定范围内改变电路的工作温度，对电路的指定节点进行直流工作点分析、交流小信号分析或瞬态分析。采用温度扫描分析，可以同时观察到在不同温度条件下的电路特性，相当于该元件每次取不同的温度值进行多次仿真，可用于快速检测温度变化对电路性能的影响。温度扫描分析只适用于半导体元件和虚拟电阻，并不对所有元件有效，可以通过【温度扫描分析】对话框选择被分析元件温度的起始值、终值和增量值。在进行其他分析时，电路的仿真温度默认值设定在 27℃。

在如图 3-54 所示的二极管整流滤波电路中，执行菜单【仿真】→【分析】→【温度扫描分析】命令，弹出如图 3-71 所示的【温度扫描分析】对话框，进入温度扫描分析状态。【温度扫描分析】对话框有【分析参数】、【输出】、【分析选项】和【摘要】4 个选项卡，【分析参数】的设置如下。

（1）扫描参数：可以选择扫描的参数为温度，系统默认值为 27℃。

（2）指向扫描：可以选择扫描方式。

扫描变量类型：可以选择扫描变量的类型有线性、十进位、倍频程和指令列表。

启动：可以输入开始扫描的温度值。

停止：可以输入结束扫描的温度值。

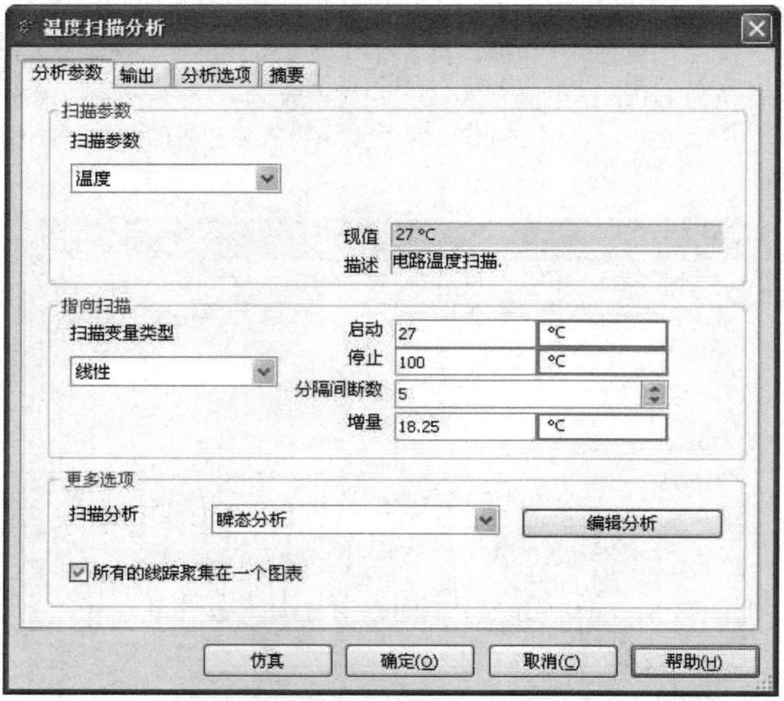

图 3-71 【温度扫描分析】对话框

分隔间断数：可以输入扫描的点数。

增量：可以输入扫描的增量。

（3）更多选项：可以选择分析类型。

在【扫描分析】下拉列表中可以选择分析类型，有直流工作点分析、交流小信号分析和瞬态分析可供选择。在选定分析类型后，可单击【编辑分析】按钮对该项分析进行进一步编辑设置。

在如图 3-54 所示的二极管整流滤波电路中进行【分析参数】设置，选择设置扫描的开始温度为 27℃，结束温度为 100℃，扫描点数为 5，分析类型为瞬态分析，在输出选项中选定 2 号节点为需要分析的节点，温度扫描分析的结果如图 3-72 所示。

12. 极点–零点分析

极点–零点分析方法是一种对电路的稳定性分析相当有用的工具。该分析方法可以用于交流小信号电路传递函数中零点和极点的分析。通常先进行直流工作点分析，对非线性器件求得线性化的小信号模型。在此基础上再分析传输函数的零点、极点。极点–零点分析主要用于模拟小信号电路的分析，对数字器件将被视为高阻接地。

在如图 3-54 所示的二极管整流滤波电路中，执行菜单【仿真】→【分析】→【极点–零点分析】命令，弹出如图 3-73 所示的【极点–零点分析】对话框，进入极点–零点分析状态。【极点–零点分析】对话框有【分析参数】、【分析选项】和【摘要】3 个选项卡，【分析参数】设置如下。

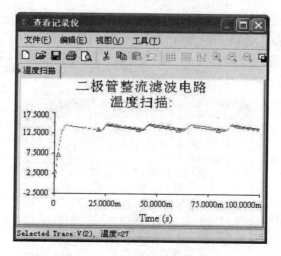

图 3-72　温度扫描分析的结果

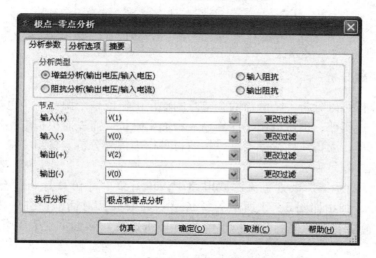

图 3-73　【极点 – 零点分析】对话框

（1）分析类型：可以选择 4 种分析类型。

增益分析：进行电路增益分析，也就是输出电压/输入电压。

阻抗分析：进行电路阻抗分析，也就是输出电压/输入电流。

输入阻抗：进行电路输入阻抗分析。

输出阻抗：进行电路输出阻抗分析

（2）节点：可以选择输入、输出的正负端（节）点。

输入（＋）：可以选择正的输入端（节）点。

输入（－）：可以选择负的输入端（节）点（通常是接地端，即节点 0）。

输出（＋）：可以选择正的输出端（节）点。

输出（－）：可以选择负的输出端（节）点（通常是接地端，即节点 0）。

（3）执行分析：可以选择所要分析的项目，有极点和零点分析、极点分析和零点分析 3 个选项。

在如图 3-54 所示的二极管整流滤波电路中进行【分析参数】命令设置，选择电路增益分析，1 号节点为正的输入节点，地为负的输入节点，2 号节点为正的输出节点，地为负的输出节点，选择极点和零点分析，极点-零点分析的结果如图 3-74 所示。可见，电路的传递函数中有两个极点、一个零点。

图 3-74　极点-零点分析的结果

13.　传递函数分析

传递函数分析可以分析一个源与两个节点的输出电压或一个源与一个电流输出变量之间的直流小信号传递函数，也可以用于计算输入和输出阻抗。需先对模拟电路或非线性器件进行直流工作点分析，求得线性化的模型，然后再进行小信号分析。输出变量可以是电路中的节点电压，输入必须是独立源。

在如图 3-54 所示的二极管整流滤波电路中，执行菜单【仿真】→【分析】→【传递函数分析】命令，弹出如图 3-75 所示的【传递函数分析】对话框，进入传递函数分析状态。【传递函数分析】对话框有【分析参数】、【分析选项】和【摘要】3 个选项卡，【分析参数】的设置如下。

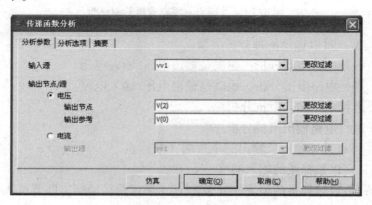

图 3-75　【传递函数分析】对话框

（1）输入源：可以选择所要分析的输入电源。
（2）输出节点/源：可以选择电压或电流作为输出电压的变量。

电压：在【输出节点】下拉列表中指定将作为输出的节点，而在【输出参考】下拉列表中指定参考节点，通常是接地端（即0）。

电流：在输出源栏中指定所要输出的电源。

在如图3-54所示的二极管整流滤波电路中进行【分析参数】设置，选择输入信号源为V1，输出变量为2号节点的电压，地为输出电压的参考节点，传递函数分析的结果如图3-76所示。可见，分析结果有电路的电压传递函数、信号源V1端的输入电阻和电路的输出电阻。

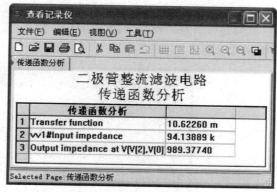

图3-76　传递函数分析的结果

14. 最坏情况分析

最坏情况分析是一种统计分析方法。它可以使你观察到在元件参数变化时，电路特性变化的最坏可能性，适合于对模拟电路直流和小信号电路的分析。所谓最坏情况是指电路中的元件参数在其容差域边界点上取某种组合时所引起的电路性能的最大偏差，而最坏情况分析是在给定电路元件参数容差的情况下，估算出电路性能相对于标称值时的最大偏差。

在如图3-47所示的单管放大电路中，执行菜单【仿真】→【分析】→【最坏情况分析】命令，弹出如图3-77所示的【最坏情况分析】对话框，进入最坏情况分析状态。【最坏情况分析】对话框有【模型容差列表】、【分析参数】、【分析选项】和【摘要】3个选项卡。

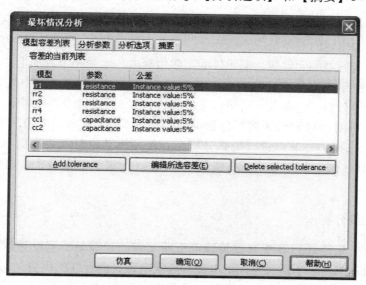

图3-77　【最坏情况分析】对话框

在如图3-77所示的【最坏情况分析】对话框中，单击【Add tolerance】按钮，系统弹出【公差】对话框，如图3-78所示。在【设备类型】中选择元件类型，在【名称】中选择元件，然后设置【容差类型】和【容差数值】。添加完后，再添加其他元件。在【分析参数】选项卡中，设置分析类型和输出变量。

在如图 3-47 所示的单管放大电路中进行【分析参数】设置，选择直流工作点分析，输出变量为 3 号节点的电压，添加 R1、R2、R3、R4、C1 和 C2 的容差，最坏情况分析的结果如图 3-79 所示。

图 3-78　【公差】对话框

15. 蒙特卡罗分析

蒙特卡罗分析是一种常用的统计分析，它由多次仿真完成，每次仿真中元件参数按指定的容差分布规律和指定的容差范围随机变化。第一次仿真分析时使用元件的正常值，随后的仿真分析使用具有容差的元件值，即元件的正常值减去一个变化量或加上一个变化量，其中变化量的数值取决于概率分布。蒙特卡罗分析中使用了两种概率分布：均匀分布和高斯分布。通过蒙特卡罗分析，电路设计者可以了解元件容差对电路性能的影响。

蒙特卡罗分析的设置和最坏情况分析类似，在图 3-47 所示单管放大电路中进行【分析参数】设置，选择 7 号节点进行瞬态分析，并将分析结束时间设置为 0.01s，分析次数为 3 次，添加 R1、R2、R3、R4、C1 和 C2 的容差，配置为高斯分析。蒙特卡罗分析的结果如图 3-80 所示。

16. 铜箔宽度分析

铜箔宽度分析是针对 PCB 中有效传输电流所允许的导线最小宽度进行的分析。在 PCB 中，导线的耗散功率取决于通过导线的电流和导线电阻，而导线的电阻又与导线的宽度密切相关。针对不同的导线耗散功率，确定导线的最小宽度是 PCB 设计人员十分需要和关心的。

在如图 3-47 所示的单管放大电路中，执行菜单【仿真】→【分析】→【铜箔宽度分析】命令，弹出如图 3-81 所示的【导线宽度分析】对话框，进入铜箔宽度分析状态。【导线宽度分析】对话框有【导线宽度分析】、【分析参数】、【分析选项】和【摘要】4 个选项卡，【导线宽度分析】的设置如下。

图 3-79　最坏情况分析的结果

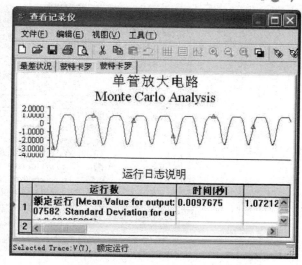

图 3-80　蒙特卡罗分析的结果

（1）最大环境温度：设置导线温度超过环境温度的增量。

（2）电镀的深浅度：用线重参数设置线宽类型，线重与导线宽度的关系可以查阅相关资料。

（3）Units：单位，可选择公制和英制两种单位。

在如图 3-47 所示的单管放大电路中进行【导线宽度分析】设置，全部采用默认设置，铜箔宽度分析的结果如图 3-82 所示。分析结果给出了导线温度超过环境温度 10℃、电镀的深浅度为线重 1oz/ft² 时电路的最小线宽。

17. 批处理分析

在实际电路分析中，通常需要对同一个电路进行多种分析，如对一个放大电路，为了确定静态工作点，需要进行直流工作点分析；为了了解其频率特性，需要进行交流分析；为了观察输出波形，需要进行瞬态分析。批处理分析可以将不同的分析功能放在一起依序执行。

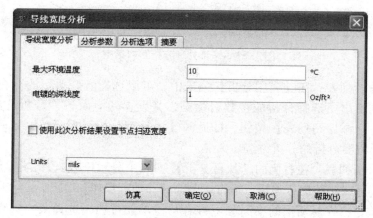

图 3-81　【导线宽度分析】对话框

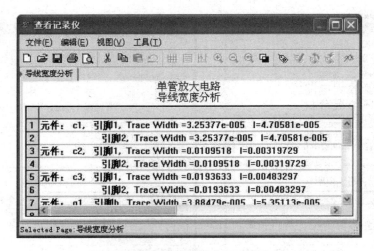

图 3-82　铜箔宽度分析的结果

在如图 3-47 所示的单管放大电路中，执行菜单【仿真】→【分析】→【批处理分析】命令，弹出如图 3-83 所示的【批处理分析】对话框，进入批处理分析状态。【批处理分析】对话框由可用分析列表、执行分析列表和功能按钮组成，其设置如下。

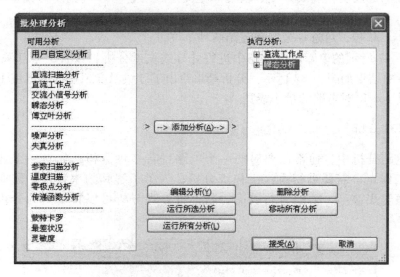

图 3-83　【批处理分析】对话框

（1）可用分析列表：在【可用分析】列表中，可以选择所要执行的分析，单击【添加分析】按钮，则弹出所选择分析的参数对话框，其设置和前面各种分析方法的设置相同，设置完毕，单击【添加到列表】按钮，即返回【批处理分析】对话框，此时，在右边执行分析列表中出现将要分析的分析方法。

（2）执行分析列表：在右侧的【执行分析】列表中显示已经选择的分析方法，选择某一种分析方法，可以对其进行编辑、运行、删除、移动等操作。

（3）功能按钮：在对话框的中间和下方有一些功能按钮，选择某一分析方法，利用功能按钮进行相应操作。

在如图 3-47 所示的单管放大电路中进行批处理分析，选择直流工作点分析和瞬态分析两种方法。批处理分析的结果如图 3-84 所示。

在图 3-84 中，切换分析选项卡，可以在所选择的两种分析结果中切换显示。

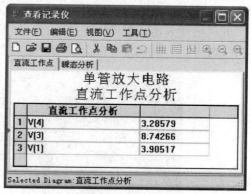

18. 用户自定义分析

用户自定义分析可以使用户扩充仿真分析功能。执行菜单【仿真】→【分析】→【用户自定义分析】命令，将弹出【用户自定义分析】对话框，进入用户自定义分析状态。用户可在输入框中输入可执行的 Spice 命令，单击【仿真】按钮即可执行此项分析。

图 3-84 批处理分析的结果

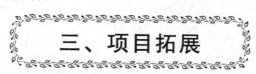

三、项目拓展

面包板

面包板又称实验电子万用板，是电子实验的一个操作平台。利用面包板可以方便地搭建实际电路进行实验。

1. 虚拟面包板

Multisim 10 中，执行菜单【工具】→【显示试验电器板】命令，也可以单击主要工具栏中的快捷图标▥，则显示如图 3-85 所示的默认面包板，操作界面也变成了 3D View。

在 3D View 界面中，执行菜单【选项】→【Breadboard Settings】（面包板设置）命令，可以改变面包板的块数、条数，以及顶部、底部、左边和右边的条数。

图 3-85 默认面包板

2. 在面包板上搭建电路

在 Multisim 10 界面上绘制完电路原理图之后，进入面包板界面，在面包板下方有一个元件盒，存放与电路原理图中所用到元件标识符号相对应的 3D 元器件。用鼠标可以将元件拖到面包板的适当位置放下，当元件的引脚即将被插入面包板上的接插孔时，面包板上相对应的接插孔会变成红色，与红色接插孔相连通的其他接插孔会变成绿色。已放入面包板的元件，在电路原理图中显示为绿色。

在面包板上，要改变元件的方向，先选中元件，元件会变成红色。再按 Ctrl + R 组合键，或者在右键菜单中选择【方向】命令，然后再选择要旋转的方向。

元件被放入面包板后，元件引脚之间的连接与在真实面包板上连线一样，但是这里的连线可以改变颜色。连接导线之后的效果如图 3-86 所示。

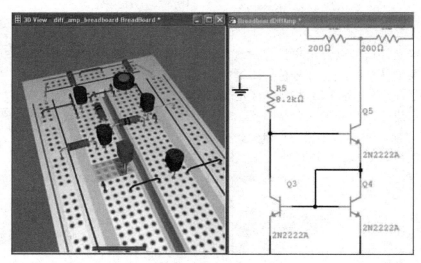

图 3-86　连接导线之后的效果

3．3D 元器件

Multisim 10 还提供了 20 多种常用元器件的逼真 3D 视觉图，它们位于基本元件库中的3D 虚拟器件系列，可以给设计者以生动的器件，体会真实设计的效果，如图 3-87 所示。

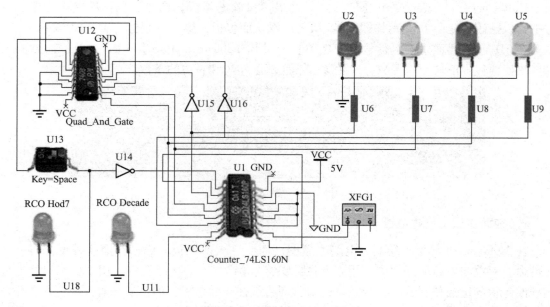

图 3-87　3D 元器件电路图

项目学习评价

一、思考练习题

1. 三极管静态工作的测量方法有哪些？如何测量？

2. 波特图示仪和失真分析仪的作用是什么？怎样使用？

3. 电路的分析方法有哪些？

二、技能训练题

任务一　在如图 3–88 所示的晶体管放大电路中，$V_{CC} = 12V$，$R_1 = 3k\Omega$，$R_2 = 240k\Omega$，试仿真计算：①用万用表、测量探针和直流工作点分析分别测量静态工作点；②用示波器观察输入、输出波形；③测输入、输出电阻；④测量交流放大倍数 A_{ud}；⑤将 R_2 改为 $100k\Omega$，再测量其静态工作点，观察输入、输出波形。

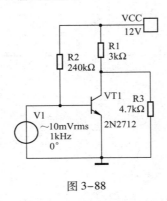

图 3–88

任务二　在图 3–89 中，①学会设置喇叭参数；②调节 RP1 电位器使 A 点的电压等于 6V；③测出各级静态工作点；④改变信号发生器的频率，倾听喇叭的声音变化。

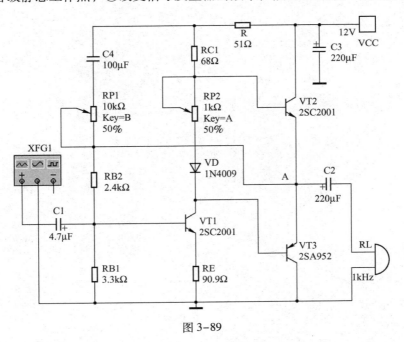

图 3–89

三、技能评价评分表

班级：_____　　姓名：_____　　成绩：_____

评价项目	项目评价内容	分　值	自我评价	小组评价	教师评价	得　　分
理论知识	① 了解元器件库及元件	5				
	② 波特图示仪和失真分析仪的使用	10				
	③ 电流探针和测量探针的使用	5				
	④ 常用的电路分析方法及应用	10				
实操技能	① 三极管放大电路的仿真方法	20				
	② 差动放大电路仿真方法	15				
	③ 功率放大电路仿真方法	15				
学习态度	① 出勤情况	6				
	② 课堂纪律	6				
	③ 按时完成作业	8				

项目四

波形发生器电路仿真

项目情境创设

在许多电子设备中，需要产生特定波形的信号，如电话机中的拨号音频信号、无线电发射机中的高频载波信号、计算机中的时钟信号等。波形发生器即简易函数信号发生器，是一种能够产生多种波形，如三角波、锯齿波、方波、正弦波等波形的电路，它在电路实验和设备检测中具有十分广泛的应用。

项目学习目标

	学习目标	学习方式	学　时
技能目标	① 掌握正弦振荡电路的仿真； ② 掌握运算放大器的仿真； ③ 掌握 555 定时器的仿真； ④ 掌握方波、三角波和锯齿波仿真	教师操作演示，学生上机练习	4 课时
知识目标	① 掌握频率计、频谱分析仪和网络分析仪的使用； ② 了解振荡器的组成和振荡条件	教师讲授重点：正弦振荡电路仿真	2 课时

项目基本功

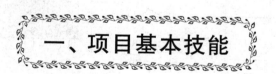

一、项目基本技能

任务一　正弦振荡电路仿真

1. 振荡条件

由于某种原因使放大电路在没有外加输入信号的情况下也有输出信号，我们称这个电路产生了自激振荡（简称振荡），此时放大电路也改称振荡电路。

振荡电路必须由放大电路、反馈电路、选频电路 3 部分组成。振荡电路要产生稳定的振荡，必须满足两个条件才能维持稳幅振荡。

（1）相位平衡条件：反馈信号与输入信号相位相同，也就是正反馈。

$$\phi_A + \phi_F = 2n\pi \quad (n = 0, 1, 2\cdots)$$

（2）幅度平衡条件：反馈信号的幅度等于输入信号的幅度。

$$|\dot{A}\dot{F}| = |AF| = 1$$

实际上，振荡开始（起振）时，$|\dot{A}\dot{F}| > 1$，使得频率为 f_0 的信号幅度逐渐增大，当信号幅度达到要求后，再利用放大器的非线性或负反馈元件的作用，使其满足 $|\dot{A}\dot{F}| = 1$ 的条件，从而实现稳幅振荡。

选频网络可用 RC 元件组成，构成 RC 正弦振荡器，一般用来产生 1Hz ～ 1MHz 范围的低频信号；选频网络也可用 LC 元件组成，构成 LC 正弦振荡器，常用于产生 1MHz 以上的高频信号；若要产生的振荡频率稳定度很高，可选用石英晶体正弦波振荡器。

2. RC 串/并联网络（文氏桥）正弦波振荡器

如图 4-1 所示电路图是由运算放大器组成的 RC 桥式正弦波振荡器电路。其中 RC 串/并联电路构成正反馈支路，同时兼做选频网络，R4、R5、RP 及二极管等元件构成负反馈和稳幅环节。调节 RP 可以改变负反馈深度，以满足振荡的振幅条件和改善波形。利用两个反向关联二极管 VD1、VD2 正向电阻的非线性特性可实现稳幅。VD1、VD2 采用硅管（温度稳定性好），且要求特性匹配，才能保证输出波形正、负半周对称。R3 的接入是为了削弱二极管非线性的影响，以改善波形失真。

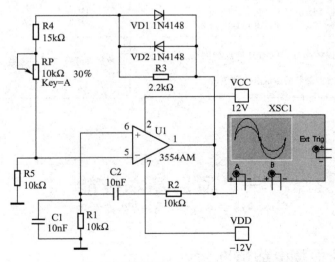

图 4-1　RC 串/并联网络（文氏桥）正弦波振荡器

RC 串/并联网络电路的振荡频率 $f_0 = \dfrac{1}{2\pi RC}$，其中 $R = R_1 = R_2$，$C = C_1 = C_2$。起振的幅度条件是 $R_f \geq 2R_5$，其中 $R_f = R_{RP} + R_4 + (R_3 // r_D)$，$r_D$ 为二极管正向导通电阻。调整 RP，使电路起振，且波形失真最小。如不能起振，则说明负反馈太强，应适当加大 R_f。如波形失真严重，则应适当减小 R_f。

用示波器测量振荡频率，并与计算值进行比较；改变 R 或 C 值，观察振荡频率变化情况。

3. 双 T 选频网络正弦波振荡器

采用两级共射极放大器组成的双 T 选频网络正弦波振荡器如图 4-2 所示。调节 RP1 和 RP2，使振荡器起振。

双 T 选频网络正弦波振荡器的振荡频率 $f_0 = \dfrac{1}{5RC}$，其中 $R = R_1 = R_2$，$C = C_1 = C_2$。起振条件是 $R' < R/2$，$|\dot{A}\dot{F}| > 1$，其中 $R' = R_{RP}$。

用示波器测量振荡频率，并与计算值比较。示波器测量起振的过程如图 4-3 所示。

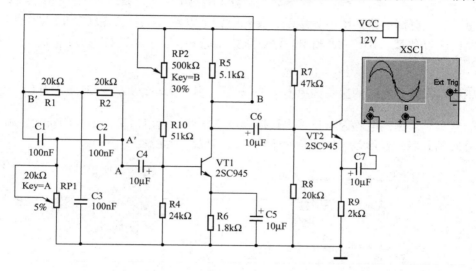

图 4-2　双 T 选频网络正弦波振荡器

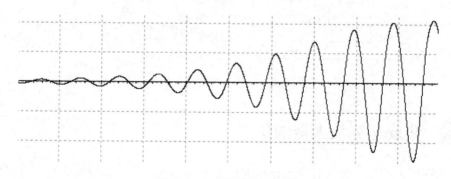

图 4-3　振荡器的起振过程

4. LC 正弦波振荡器

采用 LC 谐振回路作为选频网络的反馈振荡器统称为 LC 正弦波振荡器。按反馈网络的不同，LC 振荡器又可分为互感耦合（也称变压器耦合）反馈式振荡器和三点式振荡电路。

三点式振荡电路是一种广泛应用的 LC 振荡器，它有两种基本组成形式，即电容三点式振荡电路和电感三点式振荡电路，如图 4-4 所示。除晶体管为有源器件外，它由 L 和 C 组成并联谐振回路，此谐振回路不但决定振荡频率，同时也构成了正反馈所需的反馈网络，而且有 3 个点与晶体管的 3 个电极相连接，故称三点式振荡器。

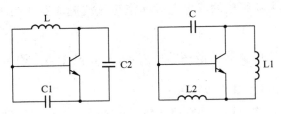

图 4-4　三点式振荡电路

电感三点式振荡电路如图 4-5 所示，又称哈特莱电路。L1、L2 和 C 组成并联谐振回路，作为集电极交流负载；R1、R2 和 R3 为分压式偏置电阻；C1 和 C4 为隔直流电容和旁路电容。

电感三点式振荡电路的振荡频率 $f_。= \dfrac{1}{2\pi\sqrt{LC}}$，其中 $L = L_1 + L_2 + 2M$，M 为 L1、L2 间的互感。电感三点式振荡电路因其反馈电压取自电感支路，所以对高次谐波阻抗大，振荡波形中所含谐波成分多，波形差，振荡频率不高，最高仅几十兆赫。

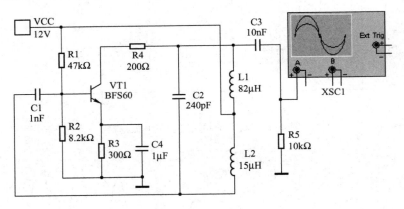

图 4-5　电感三点式振荡电路

任务二　集成运算放大器的仿真

集成运算放大器是一种具有高电压放大倍数、高输入阻抗、低输出阻抗的直接耦合多级放大电路。当接入不同的负反馈和正反馈电路，可以灵活地实现各种特定的函数功能，在线性应用方面，可组成比例、加法、减法、积分、微分、对数等模拟运算电路。

1．理想运算放大器

在分析运算放大器的输出电压与输入电压的函数关系时，考虑运算放大器处于线性工作范围，一般情况下将它视为理想器件。一个理想运算放大器，应具备下列条件。

（1）开环电压放大倍数 $A_{ud} = \infty$。

（2）输入阻抗 $R_i = \infty$。

（3）输出阻抗 $R_o = \infty$。

（4）共模抑制比 $K_{CMR} = \infty$

根据这些条件，理想运算放大器在线性应用时具有两个重要特性。

（1）理想运算放大器的两输入端电位差趋于零，$(U+) - (U-) \approx 0$，即 $U+ \approx U-$，称为"虚短"。

（2）理想运算放大器的输入电流趋于零，$I_i \approx 0$，称为"虚断"。

这两个特性是分析理想运算放大器应用电路的基本原则，可简化运算放大器电路的计算。

2．反相比例电路

反相比例电路如图 4-6 所示，输入电压通过 R1 接入反相输入端，在输出端与反相端之间接有反馈电阻 R2，同相输入端经 R3 接地。

反相比例运算电路的输出、输入关系为：$U_o = -(R_2/R_1)U_i = -3U_i$。在输入端加 1Vp，100Hz 的方波，用示波器观察输入、输出波形，如图 4-7 所示。

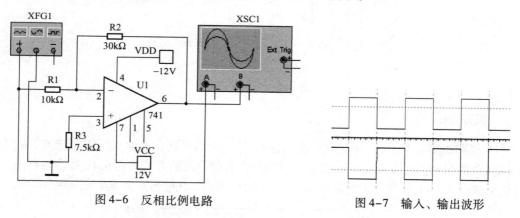

图 4-6 反相比例电路　　　　　　　图 4-7 输入、输出波形

3．反相加法电路

反相加法电路如图 4-8 所示，两路输入信号接入反相输入端，在输出端与反相端之间接有反馈电阻 R4，同相输入端经 R3 接地。

反相加法电路的输出、输入关系为：$U_o = -\left(\dfrac{R_f}{R_1}U_1 + \dfrac{R_f}{R_2}U_2\right)$。根据如图所示电压和电阻，$U_o = -6V$，和测量结果一致。

4．电压跟随器

在同相比例运算放大电路中，当反馈电阻短路或 R1 开路的情况下，其电压放大倍数等于 1，输出与输入的关系为 $U_o = U_i$，即输出电压的幅度和相位均随输入电压幅度和相位的变化而变化，故称为电压跟随器，如图 4-9 所示。

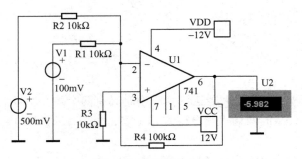

图 4-8　反相加法电路

当现场检测装置等效内阻较大或信号源带动负载能力有限时,接一个电压跟随器后,可以保持较强的带动负载能力和负载适应能力,大大减小检测误差。

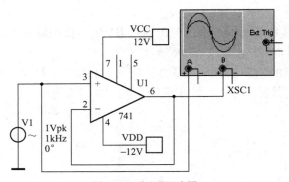

图 4-9　电压跟随器

5. 积分电路

积分电路如图 4-10 所示,输出电压经电容 C1 形成电压并联负反馈,电容进行充电,输出电压是输入电压的积分。当输入信号为方波时,电容将以近似恒流的方式进行充电,输出电压 U_o 与时间 t 近似成线性关系,积分时间常数为 $\tau = RC$。积分电路常用在波形发生器及波形变换器中。

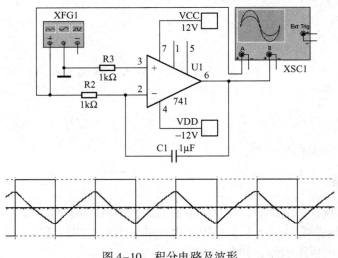

图 4-10　积分电路及波形

6. 微分电路

将积分电路中的电阻和电容元件对换位置,并选取比较小的时间常数 *RC*,可构成如图 4-11 所示的微分电路,微分电路常用来作波形变换,如将矩形波变换成尖脉冲波。

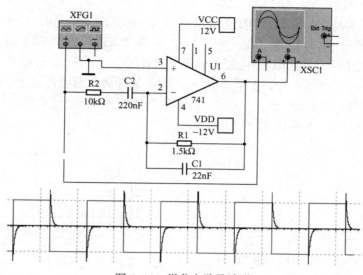

图 4-11　微分电路及波形

任务三　555 定时电路

555 定时器是一种多用途的单片机规模集成电路,该电路巧妙地将模拟功能与逻辑功能结合在一起,具有使用灵活、方便的特点,只需外接少量的阻容元件就可以构成单稳、多谐和施密特触发器,因而在波形的产生变换、测量控制、家用电器和电子玩具等很多领域中都得到了广泛的应用。

1. 555 的组成与功能

目前生产的定时器有双极型和 CMOS 两种类型,二者的逻辑功能和引脚排列相同,双极型具有较大的驱动能力,而 CMOS 型具有低功耗、输入阻抗高等优点。

555 定时器一般由分压器、比较器(C1 和 C2)、基本 RS 触发器和放电开关(VT)4 部分组成,共有 8 个引脚。555 定时器的基本功能如表 4-1 所示。

表 4-1　555 定时器功能表

$\overline{R}$	阈值输入端 TH	触发输入端 $\overline{TR}$	OUT	VT
0	×	×	0	导通
1	$> \frac{2}{3}$VCC	$> \frac{1}{3}$VCC	0	导通
1	$< \frac{2}{3}$VCC	$> \frac{1}{3}$VCC	保持不变	保持不变
1	$< \frac{2}{3}$VCC	$< \frac{1}{3}$VCC	1	截止
1	$> \frac{2}{3}$VCC	$< \frac{1}{3}$VCC	1	截止

2. 单稳态触发器

单稳态触发器是一种具有一个稳态和一个暂态的电路,一般情况下,电路处于稳态,外加触发脉冲可使电路翻转到暂态,在暂态停留一段时间后自动返回稳态,它是一种脉冲整形电路,多用于脉冲波形的整形、延时和定时等。

如图 4-12 所示是 555 构成的单稳态触发器。当电路无触发信号时,输入 U_i 保持高电平,电路工作在稳定状态,输出 U_o 保持低电平。当 U_i 下降沿到达时,触发输入端由高电平跳变为低电平,U_o 由低电平跳变为高电平,电路由稳态进入暂态。在暂态期间,VCC 经 R 向 C 充电,时间常数 $\tau = RC$,电容电压 U_c 由 0V 开始增大,当 U_c 上升到阈值电压之前,电路保持暂态不变。当 U_c 上升到阈值电压时,输出电压 U_o 由高电平跳变为低电平,电路由暂态重新转入稳态。U_i、U_c、U_o 的波形如图 4-12 所示。

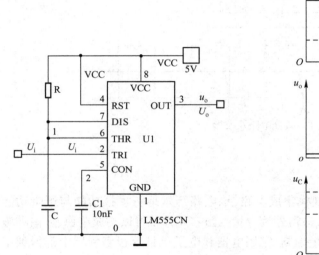

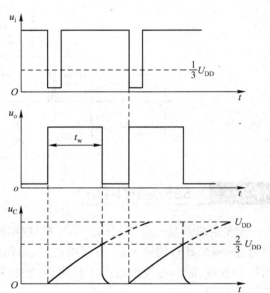

图 4-12　555 构成的单稳态触发器及工作波形

单稳态触发器的主要参数:

(1) 输出脉冲宽度:$t_W \approx 1.1RC$,调节 R、C 的取值,即可方便地调节 t_W。

(2) 恢复时间 t_{re}:一般取 $t_{re} = (3 \sim 5)\tau$,即经过 $3 \sim 5\tau$ 电容放电完毕。

(3) 最高工作频率 f_{max}:若输入为周期 T 的连续脉冲,为保证单稳态触发器能够正常工作,应满足 $T > t_W + t_{re}$。

在输入端加 12V、1kHz 脉冲波,用四通道示波器分别观察 U_i、U_c、U_o 的波形,测量 t_W 与计算值进行比较。

3. 多谐振荡器

多谐振荡器是一种产生矩形脉冲波的自激振荡器,它没有稳态,有两个暂态,电路不需要外加触发信号,利用电源通过 R1、R2 向 C 充电,以及 C 通过 R2 放电,使电路产生振荡,输出连续的矩形脉冲信号。

多谐振荡器的主要参数:$T_1 = 0.7(R_1 + R_2)C$;$T_2 = 0.7R_2C$;$T = T_1 + T_2$;$q = T_1/T$。多谐振

荡器的电路和波形如图4-13所示,用示波器测量主要参数与计算值进行比较。

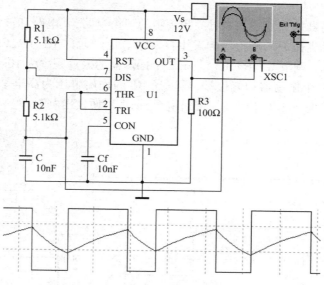

图4-13 多谐振荡器的电路和波形

4. 施密特触发器

施密特触发器有回差电压特性,能将边沿变化缓慢的电压波形整形为边沿陡峭的矩形脉冲。555定时器构成的施密特触发器是一种具有两个稳态的电路。当输入电压大于电路导通电压时,输出维持于一个恒定的电压值;当输入电压低于电路截止电压时,输出维持于另一个恒定的电压值。施密特触发器是一种脉冲整形电路,用于脉冲波形的变换和整形。施密特触发器的电路和波形如图4-14所示。

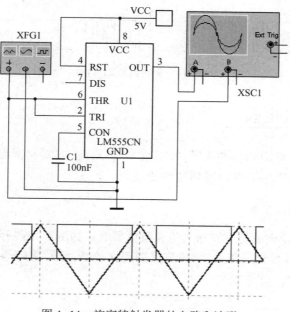

图4-14 施密特触发器的电路和波形

5. 警笛电路

用两个 555 定时器构成低频信号对高频调制的警笛电路,其电路和波形如图 4-15 所示。它是由两个多谐振荡器构成的模拟声响发生器。调节定时元件 R1、R2、C2,使第一个振荡器的振荡频率为 714Hz。调节 R3、R4、C4,使第二个振荡器的振荡频率为 10kHz。由于第一个振荡器的输出端接第二个振荡器的复位端,所以当 U1 的输出电压为高电平时,U2 振荡;当 U1 的输出电压为低电平时,U2 停止振荡。接通电源,扬声器便发出"呜…呜…"的间隙声响。

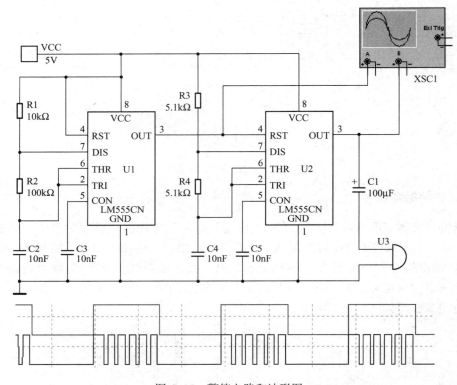

图 4-15　警笛电路和波形图

任务四　波形发生器

在电子电路中,经常用到各种波形,如正弦波、三角波、方波和锯齿波等,利用振荡器或集成运算放大器配合其他电路,可以得到这些波形。

1. 方波和三角波发生电路

由集成运算放大器构成的方波和三角波发生器电路如图 4-16 所示,比较器 A1 输出的方波经积分器 A2 积分可得到三角波,三角波反馈到比较器,触发比较器自动翻转形成方波。利用示波器可以观察波形,计算频率。

电路振荡频率:$f_o = \dfrac{R_2}{4R_1(R_F + R_{RP})C_F}$

方波幅值：$U'_{om} = \pm U_Z$

三角波幅值：$U_{om} = \dfrac{R_1}{R_2}U_Z$

调节 RP 可以改变振荡频率，改变 $\dfrac{R_1}{R_2}$ 可调节三角波的幅值。

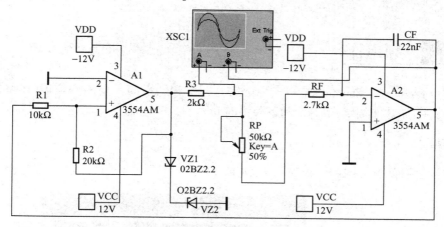

图 4-16　方波和三角波发生器电路

2. 锯齿波产生电路

锯齿波产生电路如图 4-17 所示，它包括同相输入滞回比较器 A1 和充放电时间常数不等的积分器 A2 两部分。设 $t = 0$ 时接通电源，有 $u_{o1} = -U_z$，则 $-U_z$ 经 RP、R4 向 C 充电，使输出电压按线性规律增长。当 u_o 上升到门限电压 U_{T+} 使 $u_{p1} = u_{N1}$ 时，比较器输出 u_{o1} 由 $-U_z$ 上跳到 $+U_z$，同时门限电压下跳到 U_{T-} 值。以后 $u_{o1} = +U_z$ 经 RP、R4 和 VD、R5 两支路向 C 反向充电，由于时间常数减小，u_o 迅速下降到负值。当 u_o 下降到下门限电压 U_{T-}，使 $u_{P1} \approx u_{N1}$，比较器输出 u_{o1} 又由 $+U_z$ 下跳到 $-U_z$。如此周而复始，产生振荡。由于电容 C 的正向与反向充电时间常数不相等，u_o 输出波形为锯齿波，u_{o1} 为矩形波。

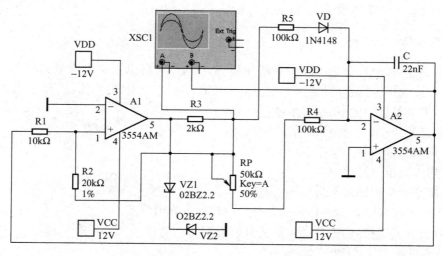

图 4-17　锯齿波产生电路

在图 4-16 中,当 R5、VD 支路开路时,电容 C 的正、反向充电时间常数相等,此时,锯齿波就变为三角波。

二、项目基本知识

知识点一　频率计

频率计(Frequency Counter)是用来测量信号频率和周期的主要测量仪器,还可以测量脉冲信号的特性(如脉冲宽度、上升沿和下降沿时间)。

1. 连接

频率计的图标、符号图和面板如图 4-18 所示。

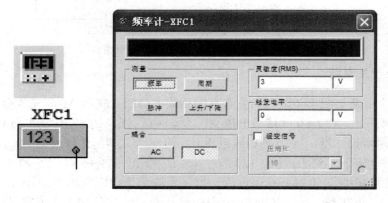

图 4-18　频率计的图标、符号图和面板

频率计只有一个接线端子,为被测信号的输入端。

2. 面板操作

双击频率计的符号,会弹出频率计的面板,如图 4-18 所示。它由测量结果显示区、测量选择、耦合方式选择、灵敏度设置区和触发电平设置区 5 部分组成,具体功能及其操作如下。

(1) 测量结果显示区:用来显示测量结果。

(2) 测量选择:用于对测量功能进行选择。

频率:用来测量信号的频率。

周期:用来测量信号的周期。

脉冲:用来测量正脉冲和负脉冲的宽度。

上升/下降:用来测量脉冲信号的上升沿时间和下降沿时间。

(3) 耦合方式选择:用来选择测量信号的类型。

AC:只测量显示信号中的交流成分。

DC:测量显示交直流混合信号。

（4）灵敏度设置区：用来输入灵敏度值。

（5）触发电平设置区：用来输入触发电平值。

3. 应用举例

用频率计测量脉冲信号的频率、周期、正负脉冲宽度及上升沿时间、下降沿时间特性。电路连接和测量结果如图4-19所示。

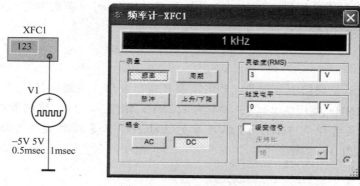

图4-19　频率计的应用

知识点二　频谱分析仪

频谱分析仪（Spectrum Analyzer）是一种测试高频电路频域的测量仪器，主要用来分析电路的幅频特性，类似于时域的示波器，能够测量信号的功率和所含的频率成分。

1. 连接

频谱分析仪的图标、符号和面板如图4-20所示。

图4-20　频谱分析仪的图标、符号和面板

频谱分析仪有两个引脚，IN为输入端，连接测量节点，T是外部触发控制端。

2. 面板操作

双击频谱分析仪的符号，会弹出频谱分析仪的面板，如图4-20所示。频谱分析仪的面板主要由显示区、游标测量显示区、量程控制区、频率设置区、振幅设置区和功能控制区6部分组成，具体如下。

（1）量程控制区：频谱分析仪的仿真工作频率范围设定区,有【量程设置】、【零挡】和【满量程】3 个按钮,满量程为 0 ～ 4GHz。

（2）频率设置区：用于设定频率范围,可以设定启动、中间和终止频率。

（3）振幅设置区：为垂直坐标轴刻度选项,其刻度采用 dB、dBm 和线性 3 种刻度。

（4）功能控制区：用来控制及设定频谱分析仪,包括【启动】、【停止】、【反向】、【设置基准】和【设置】5 个按钮。

频谱图显示在频谱分析仪面板左侧的窗口中,利用游标可以读取其每点的数据并显示在面板左侧下部的游标测量显示区。

3. 应用举例

如图 4-21 所示是通信中常用的混频电路及其输出波形。电路包括两个正弦波交流信号源,V1 频率为 0.8MHz、幅度为 8V,V2 频率为 1.2MHz、幅度为 10V。乘法器的增益为 1,偏移为 0。频谱分析仪量程为 3MHz,启动频率为 300kHz,中间频率为 1.8MHz,终止频率为 3.3MHz,刻度为线性 10V/Div。

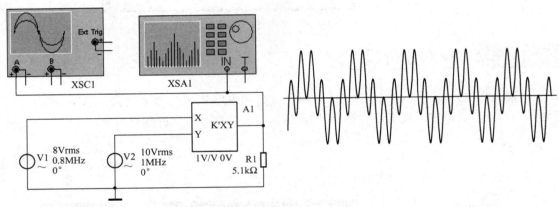

图 4-21　混频电路及输出波形

V1、V2 提供的两个正弦波混频后,得到的输出成分里有(1.2＋0.8)和(1.2－0.8)两个频率信号,用频谱分析仪得到混频后输出信号的频谱图如图 4-22 所示。输出信号在 0.4MHz 和 2MHz 处幅度约为 60V。

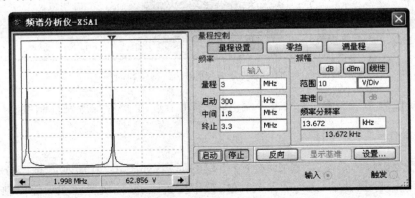

图 4-22　频谱分析仪的测量结果

知识点三　网络分析仪

网络分析仪(Network Analyzer)是一种用来分析双端口网络的仪器,用于测量电路的 S、H、Y、Z 参数,是高频电路中常用的仪器之一,它可以测量衰减器、放大器、混频器、功率分配器等。

1. 连接

网络分析仪有两个端子,分别用来连接电路的输入端及输出端。网络分析仪的图标、符号和面板如图4-23 所示。

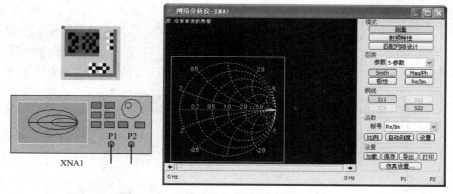

图4-23　网络分析仪的图标、符号和面板

2. 面板操作

双击网络分析仪的符号,会弹出网络分析仪的面板,如图4-23 所示。网络分析仪的面板主要由显示区、分析模式区、参数设置区、显示/隐藏某个参数区、功能选择区和设置区 6 部分组成,具体如下。

(1) 显示区:显示电路的 4 种参数、曲线及图形。

(2) 分析模式区:选择分析模式,有【测量】、【射频特性】和【匹配网络设计】3 个按钮。

(3) 参数设置区:用来选择要在显示区的图形中显示的参数种类。

参数:单击下拉箭头,用于选择测量电路的 S、H、Y 或 Z 参数。

【Smith】按钮:以史密斯格式显示。

【Mag/Ph】按钮:显示幅度/相位的频率响应曲线,即波特图。

【极性】按钮:显示极化图。

【Re/Im】按钮:以实数/虚数显示。

(4) 显示/隐藏某个参数区　确定所要显示的参数,有 S11、S12、S21、S22 4 个按钮。

(5) 功能选择区　用来设置显示方式。

标号:单击下拉箭头,选择左边显示区显示资料的模式,有 Re/Im(实数/虚数)、Mag/Ph(幅度/相位)、dB Mag/Ph(dB 数/相位)3 种模式。

【比例】按钮:选择纵轴刻度。

【自动刻度】按钮:由程序自动调整刻度。

【设置】按钮:选择左侧显示区上显示的模式,单击此按钮,设置属性。

（6）设置区：对显示区中的数据进行处理，有【加载】、【保存】、【导出】、【打印】和【仿真设置】5 个按钮。

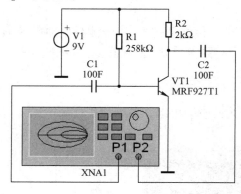

图 4-24　RF 放大电路

3. 应用举例

如图 4-24 所示是 RF 放大电路，在此基础上设计一个最大功率传输放大器。启动仿真后，自动进行交流分析。双击网络分析仪的符号，弹出网络分析仪的显示面板，如图 4-25 所示。单击【匹配网络设计】按钮，弹出【匹配网络设计】对话框，选择【阻抗匹配】选项卡，如图 4-26 所示。将频率设置为 3.02GHz，选择【启用】和【自动匹配】复选框，对话框中提供了共轭匹配的电路结构和元件参数，如图 4-27 所示，从而得到最大功率变换电路。

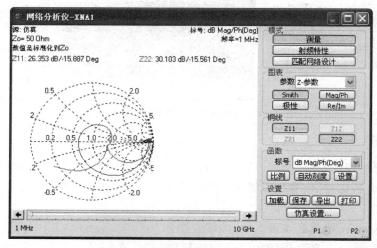

图 4-25　网络分析仪的显示面板

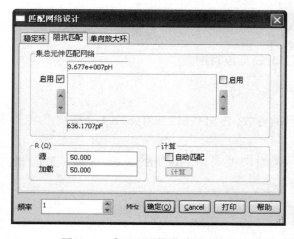

图 4-26　【匹配网络设计】对话框

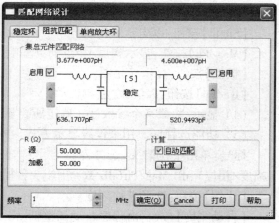

图 4-27　最大功率输出电路的结构和参数

![项目学习评价]

一、思考练习题

1. 振荡器的振荡条件是什么？

2. 理想集成运算放大器具有什么条件？有哪些重要特性？

3. 555 定时器典型的应用有哪些？

二、技能训练题

任务一　如图 4-28 所示是电容反馈三点式振荡电路。①测出起振时的 RP1 和 RP2 的值；②观察输出波形，并测量振荡频率。

任务二　设计一个同相比例运算电路，若输入信号为 10mV，用示波器观察输入、输出信号波形。

任务三　在图 4-16 中，设稳压管的稳压值为 ±4V，电阻 R1、R2、R3 已知。①若要求三角波的输出幅值为 3V，振荡周期为 1ms，试选择电容 CF 和电阻 RF 的值；②用示波器测出振荡周期和幅值；③调节 RP 电位器阻值，一边调节 RP，一边用示波器观察输出波形，使其从三角波变为锯齿波，并用示波器测量振荡周期和幅值。

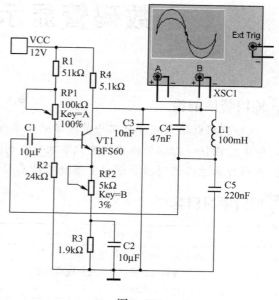

图 4-28

三、技能评价评分表

班级：_____　　姓名：_____　　成绩：_____

评价项目	项目评价内容	分值	自我评价	小组评价	教师评价	得分
理论知识	① 了解振荡器的组成和振荡条件	10				
	② 掌握频率计、频谱分析仪和网络分析仪的使用	10				
实操技能	① 正弦振荡电路的仿真	15				
	② 运算放大器的仿真	15				
	③ 555 定时器的仿真	15				
	④ 方波、三角波和锯齿波仿真	15				
学习态度	① 出勤情况	6				
	② 课堂纪律	6				
	③ 按时完成作业	8				

项目五

数码管显示电路仿真

项目情境创设

组合逻辑电路是数字电路中最简单的一类逻辑电路,其特点是功能上无记忆,结构上无反馈,即电路在任一时刻的输出状态只取决于该时刻各个输入状态的组合,而与电路的原状态无关,本项目通过实例对组合逻辑电路进行仿真测试。

项目学习目标

	学 习 目 标	学 习 方 式	学 时
技能目标	① 掌握逻辑门电路的仿真方法; ② 掌握利用逻辑转换仪进行逻辑转换; ③ 组合逻辑电路的仿真方法	学生上机操作,教师指导、答疑	2 课时
知识目标	① 门电路的逻辑功能; ② 组合逻辑电路的逻辑功能; ③ 数码管的工作原理及显示电路; ④ 逻辑转换仪、逻辑分析仪及字信号发生器的使用	教师讲授 重点:逻辑转换仪、逻辑分析仪及字信号发生器的使用	2 课时

项目基本功

一、项目基本技能

任务一 逻辑门电路仿真

1. 门电路

在数字电路中,门电路是最基本的逻辑元件,逻辑门指的是能实现一定因果逻辑关系的单元电路。在数字电路中,有 3 种最基本的逻辑关系:与逻辑、或逻辑和非逻辑,对应的逻辑门是与门、或门和非门,这 3 种逻辑门是构成各种复合逻辑门及各种复杂逻辑电路的基础。

1）与逻辑和与门

当决定某一事件的所有条件都具备时,该事件才会发生,这种逻辑关系称为与逻辑关系。与逻辑可以用逻辑表达式 $Y = A \cdot B$ 表示,真值表如图5-1(a)所示。实现与逻辑运算的电路叫与门,与门的逻辑符号如图5-1(b)所示。

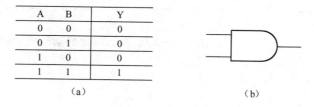

图5-1　与门真值表和符号

2）或逻辑和或门

当决定某一事件的几个条件中,只要有一个或几个条件具备,该事件就会发生,这种逻辑关系称为或逻辑关系。或逻辑可以用逻辑表达式 $Y = A + B$ 表示,真值表如图5-2(a)所示。实现或逻辑运算的电路叫或门,或门的逻辑符号如图5-2(b)所示。

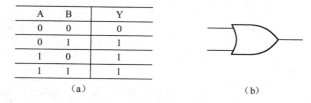

图5-2　或门真值表和符号

3）非逻辑和非门

非逻辑是逻辑的否定,当决定某一事件的条件不成立时,与其相关的事件却会发生,这种逻辑关系称为非逻辑关系。非逻辑可以用逻辑表达式 $Y = \overline{A}$ 表示,真值表如图5-3(a)所示。实现非逻辑运算的电路叫或门,非门的逻辑符号如图5-3(b)所示。

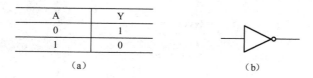

图5-3　非门真值表和符号

4）复合逻辑门

由与门、或门和非门可以组合成其他逻辑门,把与门、或门和非门组成的逻辑门称为复合门,常用的复合门有与非门、或非门、异或门、与或非门等。

2. 仿真实验与分析

1）测试与门的逻辑功能

与门测试电路如图5-9所示。测试时,打开仿真开关,输入信号的"1"用 +5V 电源提供,

"0"用地信号提供,"0"、"1"的转换用单刀双掷开关切换;输出信号用逻辑探针测试,结果为"1",测试探针亮,结果为"0",测试探针熄灭。测试结果如图 5-10 所示,在 Multisim 中绘制电路图并进行仿真实验的步骤如表 5-1 所示。

表 5-1　与门逻辑功能测试的步骤

步骤	操作过程	操作界面图
(1)	在电路窗口中,单击元器件工具栏 ✛ 图标,在弹出的【选择元件】对话框中,【系列】栏选择【POWER_SOURCE】,【元件】栏选择【VCC(+5V)】和【GROUND】,如图 5-4 所示,单击右侧的【确定】按钮,放置 +5V 电源和地	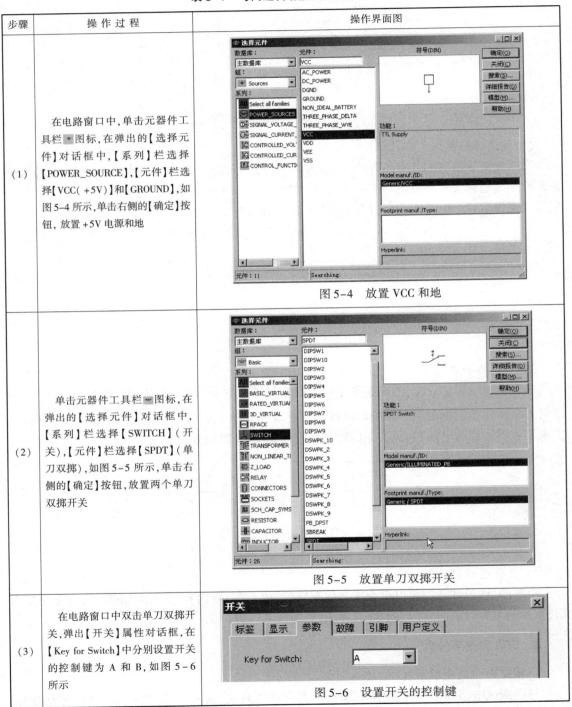图 5-4　放置 VCC 和地
(2)	单击元器件工具栏 ▥ 图标,在弹出的【选择元件】对话框中,【系列】栏选择【SWITCH】(开关),【元件】栏选择【SPDT】(单刀双掷),如图 5-5 所示,单击右侧的【确定】按钮,放置两个单刀双掷开关	图 5-5　放置单刀双掷开关
(3)	在电路窗口中双击单刀双掷开关,弹出【开关】属性对话框,在【Key for Switch】中分别设置开关的控制键为 A 和 B,如图 5-6 所示	图 5-6　设置开关的控制键

步骤	操 作 过 程	操 作 界 面 图
(4)	单击元器件工具栏 图标,在弹出的【选择元件】对话框中,【系列】栏选择【74LS】,【元件】栏选择【74LS08D】,如图5-7所示,单击右侧的【确定】按钮,选择与门	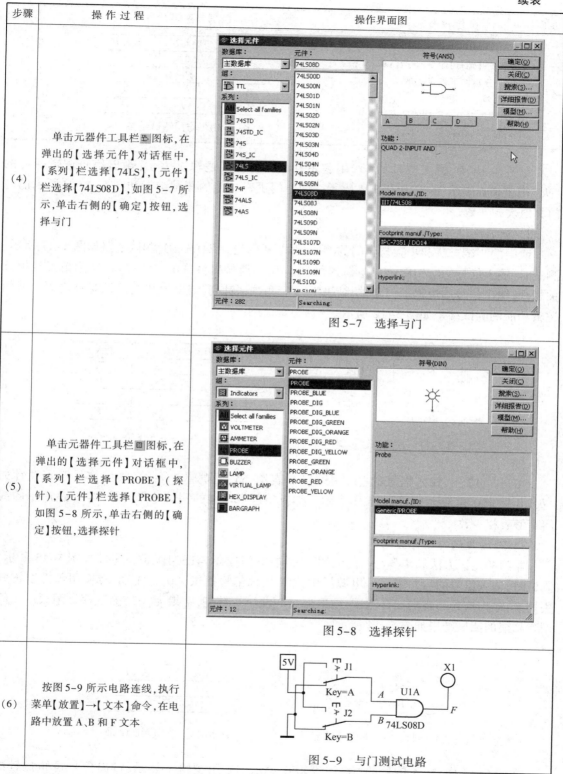 图5-7　选择与门
(5)	单击元器件工具栏 图标,在弹出的【选择元件】对话框中,【系列】栏选择【PROBE】(探针),【元件】栏选择【PROBE】,如图5-8所示,单击右侧的【确定】按钮,选择探针	图5-8　选择探针
(6)	按图5-9所示电路连线,执行菜单【放置】→【文本】命令,在电路中放置A、B和F文本	图5-9　与门测试电路

续表

步骤	操 作 过 程	操作界面图
(7)	单击仿真开关⚡️，或执行菜单【仿真】→【运行】命令，开始仿真实验。分别按下键盘上的 A 和 B，控制两个开关的状态，记下探针的状态，与门逻辑功能的测试结果如图 5-10 所示	<table><tr><td>输入A</td><td>输入B</td><td>输入F</td></tr><tr><td>0</td><td>0</td><td>灭</td></tr><tr><td>0</td><td>5V</td><td>灭</td></tr><tr><td>5V</td><td>0</td><td>灭</td></tr><tr><td>5V</td><td>5V</td><td>亮</td></tr></table> 图 5-10　与门测试结果

在图 5-10 中，输入信号的"0"用逻辑 0 表示，5V 用逻辑 1 表示；输出信号逻辑探针的"灭"用逻辑 0 表示，"亮"用逻辑 1 表示。则与门逻辑功能的测试结果和图 5-1(a) 所示的与门真值表相一致。

2) 测试或门的逻辑功能

或门的测试方法和步骤与与门的测试相同，或门选择 74LS32D，测试电路如图 5-11 所示，测试时，输入信号的"1"用 +5V 电源提供，"0"用地信号提供，"0"、"1"的转换用单刀双掷开关切换；输出信号用逻辑探针测试，结果为"1"，测试探针亮，结果为"0"，测试探针熄灭。或门逻辑功能的测试结果如图 5-12 所示。

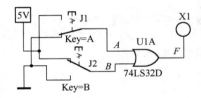

输入A	输入B	输入F
0	0	灭
0	5V	亮
5V	0	亮
5V	5V	亮

图 5-11　或门测试电路　　　　　图 5-12　或门测试结果

在图 5-12 中，输入信号的"0"用逻辑 0 表示，5V 用逻辑 1 表示；输出信号逻辑探针的"灭"用逻辑 0 表示，"亮"用逻辑 1 表示。则或门逻辑功能的测试结果和图 5-2(a) 所示的或门真值表相一致。

3) 测试非门的逻辑功能

非门的测试方法和步骤与与门的测试相同，非门选择 74LS04D，测试电路如图 5-13 所示，测试时，输入信号的"1"用 +5V 电源提供，"0"用地信号提供，"0"、"1"的转换用单刀双掷开关切换；输出信号用逻辑探针测试，结果为"1"，测试探针亮，结果为"0"，测试探针熄灭。非门逻辑功能的测试结果如图 5-14 所示。

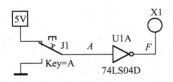

输入A	输入F
0	亮
5V	灭

图 5-13　非门测试电路　　　　　图 5-14　非门测试结果

在图 5-14 中，输入信号的"0"用逻辑 0 表示，5V 用逻辑 1 表示；输出信号逻辑探针的

"灭"用逻辑 0 表示,"亮"用逻辑 1 表示。则非门逻辑功能的测试结果和图 5-3(a)所示的非门真值表相一致。

　　4）测试与非门的逻辑功能

　　与非门的测试方法和步骤与与门的测试相同,与非门选择 74LS00D,测试电路如图 5-15 所示,测试时,输入信号的"1"用 +5V 电源提供,"0"用地信号提供,"0"、"1"的转换用单刀双掷开关切换;输出信号用逻辑探针测试,结果为"1",测试探针亮,结果为"0",测试探针熄灭。与非门逻辑功能的测试结果如图 5-16 所示。

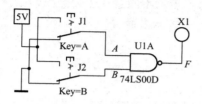

图 5-15　与非门测试电路

输入 A	输入 B	输入 F
0	0	亮
0	5V	灭
5V	0	灭
5V	5V	灭

图 5-16　与非门测试结果

　　在图 5-16 中,输入信号的"0"用逻辑 0 表示,5V 用逻辑 1 表示;输出信号逻辑探针的"灭"用逻辑 0 表示,"亮"用逻辑 1 表示。则与非门逻辑功能的测试结果和与非门真值表相一致。

任务二　逻辑转换

1. 逻辑转换

　　在组合逻辑电路分析与设计过程中,经常将逻辑函数的几种表示方法(逻辑电路图、逻辑函数表达式和真值表)相互转换。

　　如图 5-17 所示是用门电路组成的一个电路,输入信号分别用逻辑变量 A 和 B 表示,输出信号用逻辑函数 F 表示,根据电路的连接关系,可以写出输出与输入的逻辑关系:$F = \overline{A}B + A\overline{B}$,这个式子称为逻辑函数表达式。在逻辑函数表达式中,在各种输入组合情况下,求出逻辑函数的取值,可以得到如图 5-18 所示的一个表格,这个表格称为真值表。

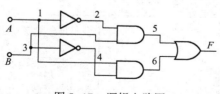

图 5-17　逻辑电路图

A	B	F
0	0	0
0	1	1
1	0	1
1	1	0

图 5-18　真值表

　　逻辑电路图、逻辑函数表达式和真值表是常用的逻辑函数表示方法,知道其中一个可以写出其他的表示方法,在 Multisim 中利用逻辑转换仪虚拟仪器可以方便地在这几种逻辑函数表示形式中进行转换。

2．仿真实验与分析

在组合逻辑电路中,经常要根据电路对它的功能进行分析,或者根据功能对电路进行设计,无论是逻辑电路的分析还是设计,都要在逻辑电路图、逻辑函数表达式和真值表之间进行相互转换,下面以3人表决电路为例说明逻辑转换仪在逻辑电路的分析或设计中的应用。

3人表决器的表决方式为少数服从多数,即3人中有2人或2人以上同意,即表决通过,否则不通过。假设A、B、C 3个逻辑变量代表3个人,分别用开关J1、J2、J3来控制,接入高电平作为逻辑"1",表示同意,接入低电平作为逻辑"0",表示不同意。逻辑电路输出接一个指示灯,输出高电平时灯亮,表示通过,输出低电平时灯灭,表示未通过。

1）建立真值表

根据以上对3人表决电路的分析,建立真值表的步骤如表5-2所示。

表5-2　建立真值表的步骤

步骤	操作过程	操作界面图
（1）	在电路窗口中,放置逻辑转换仪,如图5-19所示	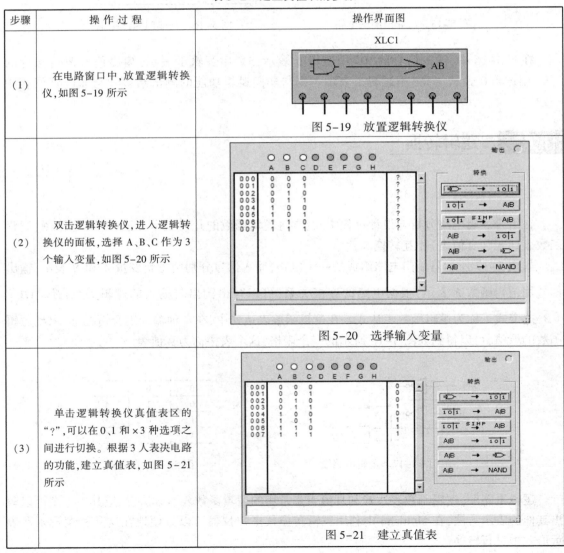 图5-19　放置逻辑转换仪
（2）	双击逻辑转换仪,进入逻辑转换仪的面板,选择A、B、C作为3个输入变量,如图5-20所示	图5-20　选择输入变量
（3）	单击逻辑转换仪真值表区的"?",可以在0、1和×3种选项之间进行切换。根据3人表决电路的功能,建立真值表,如图5-21所示	图5-21　建立真值表

2）真值表到逻辑函数表达式的转换

真值表到逻辑函数表达式的转换步骤如表5-3所示。

表5-3 真值表到逻辑函数表达式的转换步骤

步骤	操 作 过 程	操 作 界 面 图
（1）	单击逻辑转换仪转换功能区的 $\boxed{\text{101} \rightarrow \text{AIB}}$ 按钮，可以得到逻辑函数表达式，如图5-22所示。此表达式是最小项相加的形式	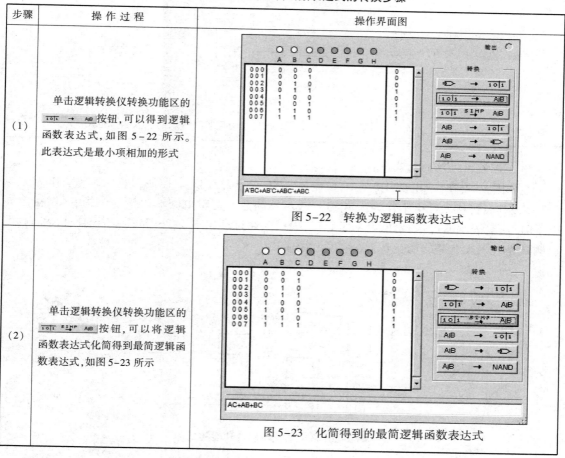 图5-22 转换为逻辑函数表达式
（2）	单击逻辑转换仪转换功能区的 $\boxed{\text{101 SIMP AIB}}$ 按钮，可以将逻辑函数表达式化简得到最简逻辑函数表达式，如图5-23所示	图5-23 化简得到的最简逻辑函数表达式

3）逻辑函数表达式到逻辑电路的转换

逻辑函数表达式到逻辑电路的转换步骤如表5-4所示。

表5-4 逻辑函数表达式到逻辑电路的转换步骤

步骤	操 作 过 程	操 作 界 面 图
（1）	单击逻辑转换仪转换功能区的 $\boxed{\text{AIB} \rightarrow \text{电路}}$ 按钮，可以得到3人表决电路，如图5-24所示	图5-24 转换得到的三人表决电路

续表

步骤	操作过程	操作界面图
(2)	单击逻辑转换仪转换功能区的 ⟨A|B → NAND⟩ 按钮,可以得到用与非门构成的 3 人表决电路,如图 5-25 所示	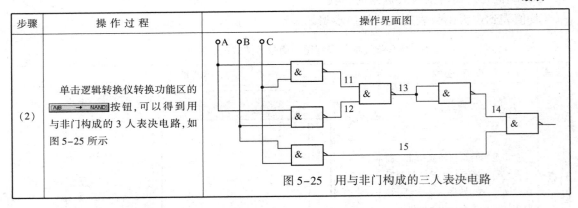 图 5-25　用与非门构成的三人表决电路

4) 3 人表决电路的功能测试

在如图 5-25 所示电路中,A、B、C 分别用开关 J1、J2、J3 来控制,接入高电平作为逻辑"1",表示同意;接入低电平作为逻辑"0",表示不同意。逻辑电路输出接一个指示灯,输出高电平时灯亮,表示通过;输出低电平时灯灭,表示未通过。如图 5-26 所示,按下 J1、J2 和 J3,可以测试 3 人表决电路的功能是否符合实际要求。

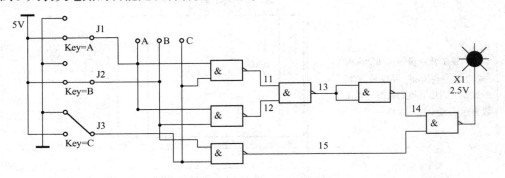

图 5-26　3 人表决电路的功能测试

任务三　组合逻辑电路仿真

1. 组合逻辑电路

在任何时刻,输出状态只决定于此时刻各输入状态的组合,而与先前状态无关的逻辑电路称为组合逻辑电路。组合逻辑电路是根据实际需要由逻辑门电路构成的,组合逻辑电路的特点是:输入与输出之间没有反馈延迟通路;电路中不含记忆元件。常用的中规模集成组合逻辑电路有加法器、编码器和译码器等。

1) 加法器

加法运算是运算电路的核心,能实现二进制加法运算的逻辑电路称为加法器。两个一位二进制数相加,若不考虑低位来的进位,只考虑两个加数本身,称为半加,实现半加运算的电路叫半加器。若不仅考虑两个加数本身,还考虑低位来的进位,则称为全加,实现全加运算的电路叫全加器。

以全加器为例,它的真值表如表5-5所示。其中 A_i 和 B_i 分别是被加数和加数,C_{i-1} 为相邻低位来的进位数,S_i 为本位和数,C_i 为向高位的进位数。一位全加器的逻辑电路如图5-27所示,全加器的逻辑符号如图5-28所示。

表5-5　全加器的真值表

A_i	B_i	C_{i-1}	S_i	C_i
0	0	0	0	0
0	0	1	1	0
0	1	0	1	0
0	1	1	0	1
1	0	0	1	0
1	0	1	0	1
1	1	0	0	1
1	1	1	1	1

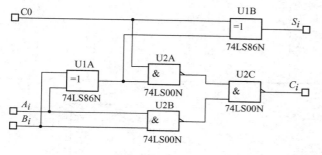

图5-27　全加器逻辑电路

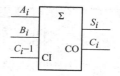

图5-28　全加器逻辑符号

常用的全加器集成电路的型号是:74LS183 一位全加器,74LS283 4 位二进制超前进位全加器。

2) 编码器

把二进制代码按一定规律编排,使每组代码具有特定含义称为编码,实现编码逻辑功能的电路称为编码器。编码器有若干个输入,但在某一时刻只有一个输入信号被转换为二进制代码。当几个输入端同时出现有效信号时,输出端给出其中优先权较高的那个输入信号所对应的代码,这种编码器称为优先编码器。

以8线—3线优先编码器为例,它的真值表如表5-6所示。74LS148 是常用的8线—3线优先编码器,其逻辑符号如图5-29所示。其中 EI 为输入使能端,EO 为输出使能端,GS 为优先编码工作状态,常用于对编码器功能的扩展。

表5-6　8线—3线编码器的真值表

I_0	I_1	I_2	I_3	I_4	I_5	I_6	I_7	A_2	A_1	A_0
×	×	×	×	×	×	×	0	0	0	0
×	×	×	×	×	×	0	1	0	0	1
×	×	×	×	×	0	1	1	0	1	0
×	×	×	×	0	1	1	1	0	1	1
×	×	×	0	1	1	1	1	1	0	0
×	×	0	1	1	1	1	1	1	0	1
×	0	1	1	1	1	1	1	1	1	0
0	1	1	1	1	1	1	1	1	1	1

3）译码器

译码是编码的逆过程。译码是将含有特定含义的二进制代码变换为相应的输出控制信号或另一种形式的代码,实现译码逻辑功能的电路称为译码器。

译码器种类比较多,能完成二进制代码转换的译码器称为二进制译码器。常用的集成二进制译码器有双 2 线—4 线译码器、3 线—8 线译码器、4 线—16 线译码器等。

以 3 线—8 线译码器为例,它的真值表如表 5-7 所示。74LS138 是常用的 3 线—8 线译码器,其逻辑符号如图 5-30 所示。译码器有 G1、G2A 和 G2B 3 个使能输入端,常用于对译码器功能的扩展。

表 5-7　3 线—8 线译码器的真值表

C	B	A	Y0	Y1	Y2	Y3	Y4	Y5	Y6	Y7
0	0	0	0	1	1	1	1	1	1	1
0	0	1	1	0	1	1	1	1	1	1
0	1	0	1	1	0	1	1	1	1	1
0	1	1	1	1	1	0	1	1	1	1
1	0	0	1	1	1	1	0	1	1	1
1	0	1	1	1	1	1	1	0	1	1
1	1	0	1	1	1	1	1	1	0	1
1	1	1	1	1	1	1	1	1	1	0

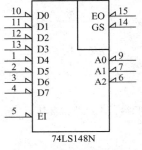

74LS148N

图 5-29　编码器逻辑符号

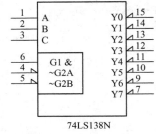

74LS138N

图 5-30　译码器逻辑符号

2. 仿真实验与分析

1）全加器逻辑功能测试

74LS183 是一位全加器,可以用逻辑转换仪对其逻辑功能进行测试。74LS183 和逻辑转换仪的连接如图 5-31 所示,选择开关 J1 连接全加器的本位和及向高位的进位,在逻辑转换仪的面板中,单击 ⟶ 1011 按钮,得到本位和及向高位进位的真值表,如图 5-32 所示。

2）编码器逻辑功能测试

74LS148 是常用的 8 线—3 线优先编码器,其逻辑功能测试电路如图 5-33 所示。EI 为芯片的输入使能端,低电平输入时,编码器才能进行编码;EO 为输出使能端,EO 为低电平时,才能进行编码输出;GS 为优先编码工作状态标志,GS 为低电平时,编码器处于工作状态,输出为有效编码;A2、A1、A0 为编码器的输出端,低电平有效;编码器的输入端接 8 个开关,代表芯片的输入信号,低电平有效。

在如图 5-33 所示的状态正在对 D3 进行编码,D3、D2、D1、D0 都是低电平信号,但是 D3 的优先级别在这 4 个通道里是最高的,输出只对 D3 进行编码,输出编码为 100(011 的反码),所以 A0 和 A1 发光。

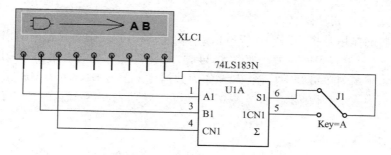

图 5-31　全加器逻辑功能测试电路

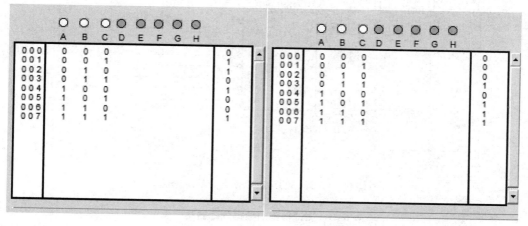

图 5-32　本位和及向高位进位的真值表

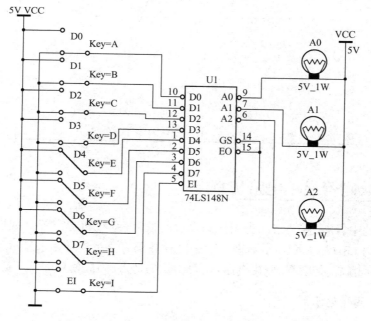

图 5-33　编码器逻辑功能测试电路

3）由译码器构成数据分配器

数据分配器的作用是将一路输入信号根据地址选择码分配给多路数据输出中的某一路输出,它的作用类似于单刀多掷开关。如图 5-34 所示,将 74LS138 的 C、B、A 作为地址选择信号 A2、A1、A0,用 3 个单刀单掷开关控制,G2A 作为数据输入信号 D,输入 10Hz 方波,输出端相应指示灯将按照 10Hz 的规律闪烁。根据测试结果可以得到表 5-8 所示的功能表,满足数据分配器的功能。

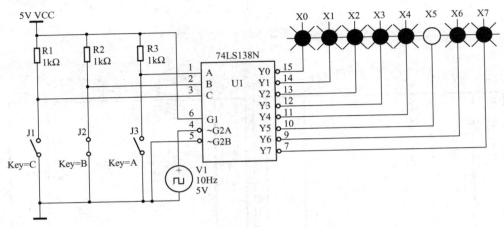

图 5-34　译码器构成数据分配器电路图

表 5-8　测试得到的数据分配器功能表

地址选择信号						输　出
G1	G2B	G2A	C	B	A	
1	0	D	0	0	0	D0 = D
1	0	D	0	0	1	D1 = D
1	0	D	0	1	0	D2 = D
1	0	D	0	1	1	D3 = D
1	0	D	1	0	0	D4 = D
1	0	D	1	0	1	D5 = D
1	0	D	1	1	0	D6 = D
1	0	D	1	1	1	D7 = D

任务四　数码管显示电路仿真

在电子系统中,经常需要将二进制代码表示的数字、符号和文字等直观地显示出来,最常用的方法是采用 LED 数码管显示器来显示。LED 数码管显示器常用来显示各种数字或符号,由于它具有显示清晰、亮度高、使用电压低、寿命长的特点,因此使用非常广泛。

1. LED 数码管显示器

1）数码管结构

目前常用的数码管显示器是分段式半导体显示器,根据段数可分为七段发光二极管显示器和八段发光二极管显示器。七段 LED 显示器由 7 个长条形的发光管排列成"日"字形,八段 LED 显示器在七段 LED 显示器基础上,在显示器的右下角增加一个圆点形的发光管作为显示小数点用,如图 5-35 所示。通过不同的组合可用来显示数字 0 ~ 9,字符 A ~ F、H、L、P、R、U、Y,符号"–"及小数点"."。

2)数码管工作原理

LED 显示器有两种不同的形式:一种是 8 个发光二极管的阳极都连在一起的,称为共阳极 LED 显示器;另一种是 8 个发光二极管的阴极都连在一起的,称为共阴极 LED 显示器,如图 5-36所示。

共阳极数码管的 8 个发光二极管的阳极(二极管正端)连接在一起,通常,公共阳极接高电平(一般接电源),其他引脚接段驱动电路输出端。当某段驱动电路的输出端为低电平时,则该端所连接的字段导通并点亮,根据发光字段的不同组合可显示出各种数字或字符。共阴极数码管则相反,公共阴极接低电平(一般接地),当某段驱动电路的输出端为高电平时,则该端所连接的字段导通并点亮。

图 5-35 数码管结构图

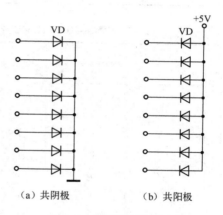

(a) 共阴极　　　　(b) 共阳极

图 5-36 数码管原理图

3)数码管字形编码

共阴极和共阳极结构的 LED 显示器各笔划段名和安排位置是相同的,分别用 a、b、c、d、e、f、g 和 dp 表示,当二极管导通时,相应的笔划段发亮,由发亮的笔划段组合而显示各种字符。8 个笔划段 dpgfedcba 对应于一个字节(8 位)的 D7 D6 D5 D4 D3 D2 D1 D0,于是用 8 位二进制码就可以表示欲显示字符的字形代码。例如,对于共阳极 LED 显示器,当公共阳极接电源(为高电平),而阴极 dpgfedcba 各段为 11000000B 时,显示器显示"0"字符,即对于共阳极 LED 显示器,"0"字符的字形码是 C0H。如果是共阴极 LED 显示器,公共阴极接地(为低电平),显示"0"字符的字形代码应为 00111111B(即 3FH)。以此类推可求得数码管字形编码如表 5-9 所示。

2. 显示译码器

在表 5-9 中,我们看到要显示一个数字(BCD 码)需要与它对应的字形码,完成这两种代码转换的器件称为显示译码器。74LS48 是共阴极七段译码器,74LS47 是共阳极七段译码器。

74LS48 显示译码器输出高电平有效,用来驱动共阴极数码管,表 5-10 是它的功能表。

表 5-9　数码管字形编码表

显示字符	字形	共 阳 极									共 阴 极								
		dp	g	f	e	d	c	b	a	字形码	dp	g	f	e	d	c	b	a	字形码
0	⌂	1	1	0	0	0	0	0	0	C0H	0	0	1	1	1	1	1	1	3FH
1	¦	1	1	1	1	1	0	0	1	F9H	0	0	0	0	0	1	1	0	06H
2	⊇	1	0	1	0	0	1	0	0	A4H	0	1	0	1	1	0	1	1	5BH
3	⊐	1	0	1	1	0	0	0	0	B0H	0	1	0	0	1	1	1	1	4FH
4	4	1	0	0	1	1	0	0	1	99H	0	1	1	0	0	1	1	0	66H
5	5	1	0	0	1	0	0	1	0	92H	0	1	1	0	1	1	0	1	6DH
6	6	1	0	0	0	0	0	1	0	82H	0	1	1	1	1	1	0	1	7DH
7	7	1	1	1	1	1	0	0	0	F8H	0	0	0	0	0	1	1	1	07H
8	8	1	0	0	0	0	0	0	0	80H	0	1	1	1	1	1	1	1	7FH
9	9	1	0	0	1	0	0	0	0	90H	0	1	1	0	1	1	1	1	6FH

表 5-10　74LS48 显示译码器功能表

十进制数	输 入						BI/RBO	输 出							字形
	LT	RBI	D	C	B	A		g	f	e	d	c	b	a	
0	1	1	0	0	0	0	1	0	1	1	1	1	1	1	⌂
1	1	×	0	0	0	1	1	0	0	0	0	1	1	0	¦
2	1	×	0	0	1	0	1	1	0	1	1	0	1	1	⊇
3	1	×	0	0	1	1	1	1	0	0	1	1	1	1	⊐
4	1	×	0	1	0	0	1	1	1	0	0	1	1	0	4
5	1	×	0	1	0	1	1	1	1	0	1	1	0	1	5
6	1	×	0	1	1	0	1	1	1	1	1	1	0	0	6
7	1	×	0	1	1	1	1	0	0	0	0	1	1	1	7
8	1	×	1	0	0	0	1	1	1	1	1	1	1	1	8
9	1	×	1	0	0	1	1	1	1	0	1	1	1	1	9
灭灯	×	×	×	×	×	×	0	0	0	0	0	0	0	0	
灭零	1	0	0	0	0	0	0	0	0	0	0	0	0	0	
试灯	0	×	×	×	×	×	1	1	1	1	1	1	1	1	8

　　74LS48 显示译码器有多个控制端,可以增强元件的功能,它们的作用如下。

　　(1)灭灯输入端 BI/RBO。BI/RBO 可以作输入,也可以作输出使用。当 BI/RBO 作为输入使用,且 BI = 0 时,无论其他输入端是什么电平,所有字段 a ~ g 均为低电平,无字形显示。

　　(2)试灯输入端 LT。当 LT = 0 时,BI/RBO 作输出端,且为 1 时,无论其他输入端是什么电平,所有字段输出 a ~ g 均为高电平,显示字形"8"。该输入端常用于检查 74LS48 及数码管的好坏。

　　(3)动态灭零输入端 RBI。当 LT = 1、RBI = 0 且输入代码 DCBA = 0000 时,各段输出 a ~ g 均为低电平,与输入代码相应的字形 0 熄灭,故称"灭零"。利用 LT = 1、RBI = 0 可以实现某一位的消隐。

（4）动态灭灯输出端 RBO。当输入满足"灭零"条件，BI/RBO 作为输出端，值为 0，该端主要用于显示多位数字时多个译码器之间的连接，消去高位的零。

3. 数码管显示电路仿真实验与分析

数码管显示电路如图 5-37 所示，单击字信号发生器 XWG1，在字信号编辑区编写 0 ～ 9 这 10 个十进制代码，十进制数经过 74LS48 译码，输出数码管的字形码驱动数码管显示，字形码同时在逻辑分析仪上显示。

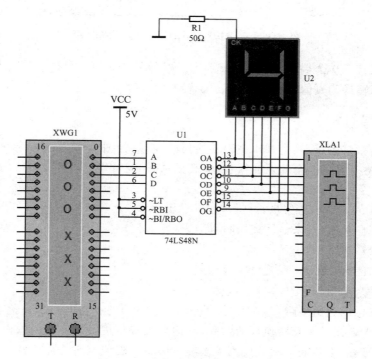

图 5-37　逻辑分析仪测试 74LS48

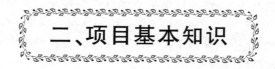

二、项目基本知识

知识点一　逻辑转换仪

逻辑转换仪（Logic Converter）是 Multisim 特有的仪器，实际中不存在与此对应的设备。它能够完成真值表、逻辑表达式和逻辑电路三者之间的相互转换。

1. 连接

逻辑转换仪的图标、符号图和面板如图 5-38 所示。

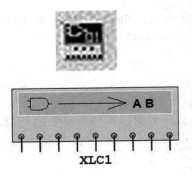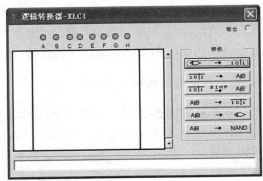

图 5-38　逻辑转换仪的图标、符号图和面板

逻辑转换仪共有 9 个端子,左边 8 个端子是输入端子,右边 1 个端子是输出端子。通常只有在将逻辑电路转换为真值表时,才需将逻辑转换仪与逻辑电路的输入端和输出端相连接。

2. 面板操作

双击逻辑转换仪的符号,会弹出逻辑转换仪的面板,如图 5-38 所示。逻辑转换仪的面板由 4 部分组成:A ～ H 的 8 个输入变量、真值表显示区、逻辑表达式区和转换功能区,具体功能及其操作如下。

（1） A ～ H 的 8 个输入变量:可供选用的逻辑变量。

（2） 真值表显示区:用来显示或填写真值表。

（3） 逻辑表达式区:用来显示或填写逻辑表达式。

（4） 转换功能区:用来实现逻辑转换功能。

【 ⟶ 101 】按钮:逻辑电路→真值表。

逻辑转换仪可以导出多路(最多 8 路)输入、一路输出的逻辑电路的真值表。首先画出逻辑电路,并将输入端接至逻辑转换仪的输入端,输出端接至逻辑转换仪的输出端。单击【逻辑电路→真值表】按钮,在逻辑转换仪的真值表显示区将出现该电路的真值表。

【 101 ⟶ AIB 】按钮:真值表→逻辑表达式。

表达式的建立有两种方法:一种是根据输入端数用鼠标单击逻辑转换仪面板顶部代表输入端的小圆圈,选定输入信号(A ～ H),此时真值表区自动出现输入信号的所有组合,而输出列的初始值全部为零,可根据所需要的逻辑关系修改真值表的输出值而建立真值表;另一种方法是由电路图通过逻辑转换仪转换过来的真值表。

对已在真值表区建立的真值表,单击【真值表→逻辑表达式】按钮,在逻辑转换仪面板底部的逻辑表达式区将出现相应的逻辑表达式。在逻辑表达式中的“'”,表示逻辑变量的“非”。

【 101 SIMP AIB 】按钮:真值表→简化逻辑表达式。

若要简化逻辑表达式,或者直接由真值表得到简化的逻辑表达式,单击【真值表→简化逻辑表达式】按钮,在逻辑转换仪面板底部的逻辑表达式区将出现相应的简化逻辑表达式。

【 AIB ⟶ 101 】按钮:逻辑表达式→真值表。

可以直接在逻辑表达式区输入逻辑表达式,单击【逻辑表达式→真值表】按钮,得到相应的真值表。

AIB ────→ ⊐ 按钮:逻辑表达式→逻辑电路。

单击【逻辑表达式→逻辑电路】按钮,得到相应的逻辑电路。

AIB ────→ NAND 按钮:逻辑表达式→与非电路。

单击【逻辑表达式→与非电路】按钮,得到由与非门构成的逻辑电路。

3. 应用举例

用逻辑转换仪分析同或电路,将逻辑转换仪与逻辑电路相连接,如图5-39所示。

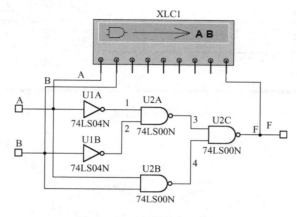

图5-39　逻辑转换仪的应用

（1）分析电路的真值表。单击【逻辑电路→真值表】按钮,在逻辑转换仪的真值表显示区,将出现该电路的真值表,如图5-40所示。

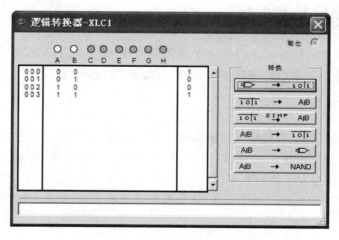

图5-40　分析电路的真值表

（2）分析电路的逻辑表达式。单击【真值表→逻辑表达式】按钮,在逻辑转换仪面板底部的逻辑表达式区将出现相应的简化逻辑表达式,如图5-41所示。

（3）生成逻辑电路。单击【逻辑表达式→与非电路】按钮,得到由与非门构成的逻辑电路,如图5-42所示。

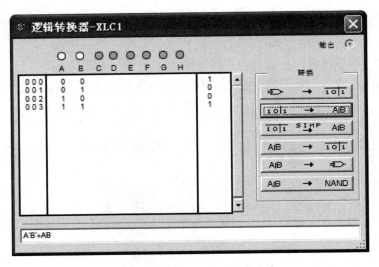

图 5-41　分析电路的逻辑表达式

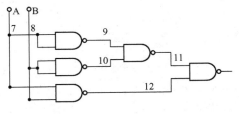

图 5-42　生成逻辑电路

知识点二　字信号发生器

字信号发生器(Word Generator)是一个最多能产生 32 路(位)同步数字信号的多路逻辑信号源,可用于对数字逻辑电路进行测试,也称为数字逻辑信号源。

1. 连接

字信号发生器的图标、符号图和面板如图 5-43 所示。

字信号发生器的左边有 0 ～ 15 共 16 个端子,右边有 16 ～ 31 共 16 个端子,共 32 个端子。这些端子是字信号发生器的数字信号输出端,其中每个端子都可接入数字电路的输入端。字信号发生器下面还有 R 和 T 两个端子,R 为数据信号准备端,T 为外触发信号端。

2. 面板操作

双击字信号发生器的符号,会弹出字信号发生器的面板,如图 5-43 所示。字信号发生器的面板共分 5 个部分:数据显示窗口、控制选项区、显示方式选项区、触发方式选项区和频率选项区,具体功能及其操作如下。

(1) 数据显示窗口。字信号发生器面板的右边是数据显示窗口,共 1024 行,以卷轴形式出现。每一行的字值可以 8 位十六进制数显示,即 00000000 ～ FFFFFFFF;或以 10 位十进制

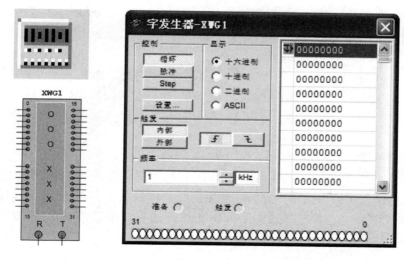

图 5-43　字信号发生器的图标、符号图和面板

数显示,即 0 ～ 4294967295;还可以 32 位二进制数显示。

在数据显示窗口中,单击某一字信号即可实现对其定位和改写;右击某一字信号,弹出数据编辑菜单,可完成设置指针、设置断点、取消断点、设置起始位和设置最末位等。

(2)控制选项区:字值的输出方式控制。

循环:行输出方式设为循环输出,即从被选择的起始行开始向电路输出字符串,一直到终止行为止,完成一个周期后又重新回到起始行循环输出。

脉冲:行的字值只输出一次,即从被选择的起始行开始向电路输出字符串,一直到终止行为止,只输出一次,不循环。

单步(Step):行输出方式为单步输出,即要使一行的字值输入到电路中去,必须单击一次【Step】按钮,单步输出往往在调试电路时使用。

设置:设置信号产生的内容与方式。

(3)显示方式选项区:设置数据编辑窗口内的字信号,以十六进制、十进制、二进制或 ASCII 码的形式显示。

(4)触发方式选项区:触发方式选择。

内部:字信号的输出直接由输出方式按钮(循环、脉冲、单步)启动。

外部:需要接入外部触发脉冲,并定义上升沿触发或下降沿触发,然后单击输出方式按钮,待触发脉冲到来时才启动输出。此外,在数据准备好输出端还可以得到与输出字信号同步的时钟脉冲输出。

(5)频率选项区:用来设置输出信号频率。

3. 应用举例

用字信号发生器输出 4 位二进制数码到七段数码管进行显示,电路连接和测量结果如图 5-44 所示。

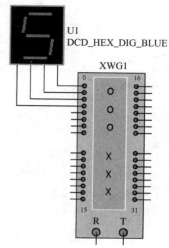

图 5-44　字信号发生器的应用

知识点三　逻辑分析仪

逻辑分析仪(Logic Analyzer)用于对数字逻辑信号的高速采集和时序分析,可以同步记录和显示 16 路数字信号,广泛应用于数字电子系统的调试、故障排除、性能分析等。

1. 连接

逻辑分析仪的图标、符号图和面板如图 5-45 所示。

逻辑分析仪左边有 16 个测试信号输入端子,按从上到下排列依次为最低位至最高位。16 路输入逻辑信号的波形以方波形式显示在逻辑信号波形显示区,当改变输入信号连接导线的颜色时,显示波形的颜色也随之改变。逻辑分析仪下边有 3 个信号端子,C 为外部时钟输入端,Q 为时钟检验端,T 为触发检验端。

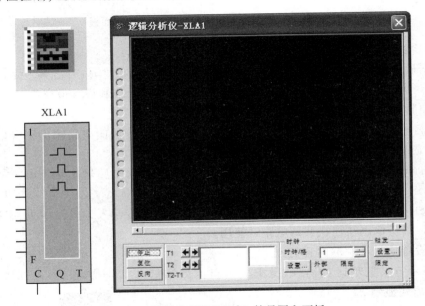

图 5-45　逻辑分析仪的图标、符号图和面板

2. 面板操作

双击逻辑分析仪的符号,会弹出逻辑分析仪的面板,如图 5-45 所示。逻辑分析仪的面板共分为 5 个部分:波形显示窗口、显示控制选项区、游标控制区、时钟设置区和触发方式选项区,具体功能及其操作如下。

(1) 波形显示窗口。最上方的黑色区域为逻辑信号的波形显示窗口,波形显示的时间轴刻度可通过面板下边的【时钟/格】设置,读取波形的数据可以通过拖放读数指针完成。

(2) 显示控制选项区。

停止:停止逻辑信号波形的显示。

复位:复位并清除显示区域的波形,重新仿真。

反向:用来设置显示区域的背景颜色(黑色或白色)。

（3）游标控制区（如图5-46所示）。

T1：显示游标T1指针所指位置的信号。左侧的空白处显示游标T1所指位置的时间值，右侧的空白处显示该时间处所对应的数据值。

T2：显示游标T2指针所指位置的信号。

T2-T1：显示游标T2与T1的时间差。

（4）时钟设置区（如图5-47所示）。

时钟/格：用于设置在显示区中水平方向每格显示的时钟脉冲个数。

设置：设置时钟脉冲，单击【设置】按钮，弹出如图5-48所示的【时钟设置】对话框。

时钟源：用来设置触发脉冲的来源，有外部触发和内部触发两种。

时钟频率：用于设置时钟脉冲的频率，仅对内部触发有效。

取样设置：用来设置取样方式，可以设置预触发取样数、后触发取样数和阈值电压。

图5-46　游标控制区

图5-47　时钟设置区

（5）触发方式选项区：用来设置触发方式。

单击【设置】按钮，弹出如图5-49所示【触发设置】对话框。

触发时钟边沿：用于设定触发沿，包括【正】（上升沿触发）、【负】（下降沿触发）和【两者】（上升沿、下降沿均触发）3个单选按钮。

触发模式：用于设置触发样本，可以通过模式A、B、C的文本框或混合触发的下拉列表框设置触发样本。

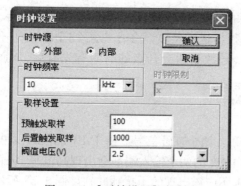

图5-48　【时钟设置】对话框

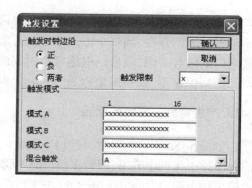

图5-49　【触发设置】对话框

3. 应用举例

用逻辑分析仪测试74LS48的逻辑功能，电路连接如图5-50所示。74LS48是一种常用的七段数码管译码器驱动器，输出为低电平有效，在输出端接共阴极数码管显示器。74LS48的输入信号由字信号发生器产生，从0～9循环，输出信号接逻辑分析仪，测试结果如图5-51所示。

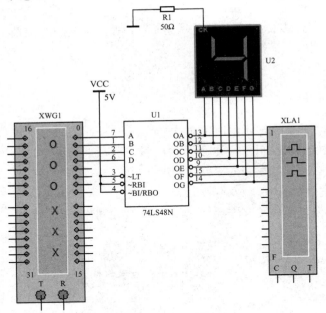

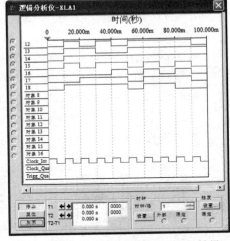

图 5-50　逻辑分析仪测试 74LS48　　　　图 5-51　逻辑分析仪测试 74LS48 的结果

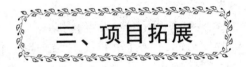

三、项目拓展

竞争 – 冒险现象

前面分析组合逻辑电路时,都没有考虑门电路的延迟时间对电路产生的影响。而实际上,由于延迟时间的存在,当一个输入信号经过多条路径传送后又重新会合到某个门上,由于不同路径上门的级数不同,或者门电路延迟时间的差异,导致到达会合点的时间有先有后,从而产生瞬间的错误输出,这一现象称为"竞争 – 冒险"。

1. 产生竞争 – 冒险的原因

在如图 5-52 所示电路中,与门 U2 的输入是 A 和 $\overline{A}$ 两个互补信号。由于 U1 的延时,$\overline{A}$ 的下降沿要滞后于 A 的上升沿,因而在很短的时间间隔内,U2 的两个输入端都会出现高电平,从而使它的输出端出现一个高电平窄脉冲(按逻辑设计要求不应该出现的干扰脉冲),如图 5-53 所示。

这种 U2 的两个输入信号 A 和 $\overline{A}$ 在不同时刻到达的现象,通常称为竞争,由此而产生输出干扰脉冲的现象称为冒险。如果干扰脉冲是高电平窄脉冲,通常称为"1 冒险";如果干扰脉冲是低电平窄脉冲,通常称为"0 冒险"。

当电路中存在由非门产生的互补信号,且在互补信号的状态发生变化时可能出现冒险现象,这是产生竞争 – 冒险的原因。

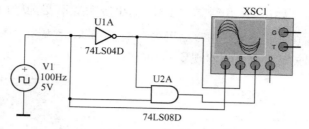

图 5-52　竞争 – 冒险逻辑电路

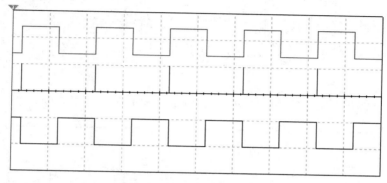

图 5-53　竞争 – 冒险的波形

2. 竞争 – 冒险的识别

可采用代数法来判断一个组合逻辑电路是否存在冒险。写出组合逻辑电路的逻辑函数表达式,当某些逻辑变量取特定值(0 或 1)时,如果表达式能出现 $Y = A + \overline{A}$ 或 $Y = A\overline{A}$ 的形式,就可判断该电路存在竞争 – 冒险。出现 $Y = A + \overline{A}$,存在 0 冒险;出现 $Y = A\overline{A}$,存在 1 冒险。

也可以在电路的输入端加入所有可能发生状态变化的波形,用示波器观察输出端是否有窄脉冲来确定电路是否存在竞争 – 冒险。

3. 竞争 – 冒险的消除

（1）引入封锁脉冲。在输入信号状态转换的时间内,把可能产生干扰窄脉冲输出的门封锁,封锁脉冲要与输入信号的状态转换同步,其脉冲宽度要大于电路的状态转换时间。

（2）引入选通脉冲。在信号进入稳态时,门电路的输出在选通脉冲控制下进行,这样也可以消除干扰窄脉冲。

（3）接滤波电容。因为干扰脉冲一般很窄(几十纳秒),在门的输出端并接一个几百皮法的电容,就可以把干扰窄脉冲的幅度削弱至门电路的阈值电压以下。

（4）修改逻辑电路。在逻辑电路设计时,在逻辑函数中加入适当的冗余项,也可以消除竞争 – 冒险现象。

4. 竞争 – 冒险的仿真实验

1）竞争 – 冒险的仿真

如图 5-54 所示电路,该电路的逻辑函数表达式为 $Y = AB + \overline{A}C$。当 $B = C = 1$ 时,$Y = A + \overline{A} = 1$。

从逻辑函数表达式上看,无论输入信号如何变化,输出应保持不变,恒为 1(高电平)。因为出现 $Y = A + \overline{A}$,电路存在 0 冒险现象。仿真结果如图 5-55 所示,在输入信号的下降沿,电路输出端有一个负的窄脉冲输出,存在 0 冒险现象。

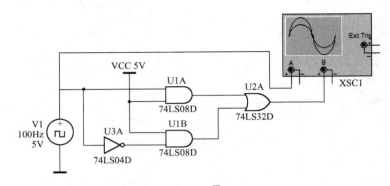

图 5-54　$Y = AB + \overline{A}C$ 逻辑电路

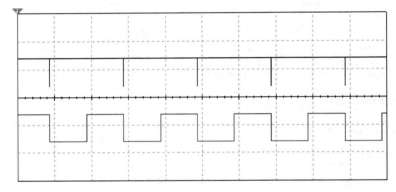

图 5-55　出现 0 冒险的波形

2）竞争 - 冒险的消除

　　为了消除图 5-56 所示电路的竞争 - 冒险,修改逻辑电路,增加冗余项 BC,该电路的逻辑函数表达式为 $Y = AB + \overline{A}C + BC$。电路的逻辑功能在修改后没有变化,输出保持高电平,但是竞争 - 冒险现象消除,仿真结果如图 5-57 所示。

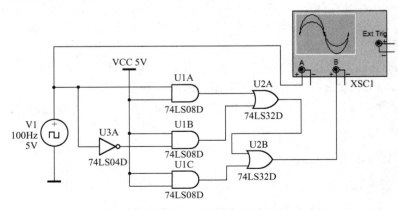

图 5-56　竞争 - 冒险消除的逻辑电路

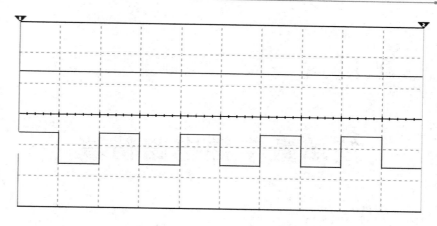

图 5-57   竞争－冒险消除后的波形

项目学习评价

一、思考练习题

1. 逻辑函数常用的表示方法有哪些？怎样进行相互转换？

2. 组合逻辑电路具有什么特点？常用的组合逻辑电路有哪些？

3. 逻辑转换仪、逻辑分析仪和字信号发生器各具有什么功能？

二、技能训练题

任务一   在仿真平台上设计一个一位全加器电路,用发光二极管显示其结果。①用与或非门、与非门和异或门组成;②用与非门和异或门组成;③其他的方案。

任务二   在仿真平台上选择两片 74LS138 芯片设计一个 4 线—16 线译码器,用数码管显示译码结果。

三、技能评价评分表

班级：_____   姓名：_____   成绩：_____

评价项目	项目评价内容	分值	自我评价	小组评价	教师评价	得分
理论知识	① 门电路的逻辑功能	10				
	② 组合逻辑电路的逻辑功能	10				
	③ 数码管的工作原理及显示	10				
实操技能	① 逻辑门电路的仿真方法	10				
	② 利用逻辑转换仪进行逻辑转换	10				
	③ 组合逻辑电路的仿真方法	10				
	④ 逻辑转换仪、逻辑分析仪及字信号发生器的使用	20				
学习态度	① 出勤情况	6				
	② 课堂纪律	6				
	③ 按时完成作业	8				

项目六

简单数字钟电路仿真

项目情境创设

组合逻辑电路中,任一时刻的输出信号仅取决于当时的输入信号,但是还有一类电路,任一时刻的输出信号不仅取决于当时的输入信号,而且还取决于电路原来的状态,这类电路就是时序逻辑电路。常用的逻辑电路包括基本触发器、移位寄存器、计数器等。

项目学习目标

	学习目标	学习方式	学 时
技能目标	① 掌握触发器的仿真方法; ② 掌握计数器的仿真方法及应用; ③ 简单数字钟的构成和仿真	学生上机操作,教师指导、答疑	4 课时
知识目标	① 掌握触发器的功能; ② 掌握任意进制计数器的构成方法; ③ 了解子电路和层次块的概念;	教师讲授 重点:计数器的应用	2 课时

项目基本功

一、项目基本技能

任务一 触发器电路仿真

触发器有 3 个基本特性:

(1) 它有两个稳定状态,可分别用来表示二进制数码 0 和 1;

(2) 在输入信号作用下,触发器的两个稳定状态可以相互转换;

(3) 当输入信号消失后,已转换的稳定状态可以长期保持下来。

也就是说触发器能够记忆二进制信息,常用做二进制存储单元,因此,触发器是一个具有记忆功能的基本逻辑电路,有着广泛的应用。不同触发器具有不同的逻辑功能,在电路结构和触发方式上也有不同的种类。根据电路功能,触发器可分为 RS 触发器、JK 触发器、D 触发器、

T 触发器和 T′触发器。

1. RS 触发器仿真

1）RS 触发器基本特性

RS 触发器具有置 0、置 1 和保持的功能。RS 触发器的特性方程为

$$Q^{n+1} = S^n + \overline{R^n} Q^n \quad (SR = 0)$$

表 6–1 为 RS 触发器的功能表，图 6–1 为 RS 触发器的状态转换图，图 6–2 为 RS 触发器的逻辑符号。

表 6–1　RS 触发器的功能表

R	S	Q^{n+1}	功能说明
0	0	Q^n	保持
0	1	1	置1
1	0	0	置0
1	1	不允许	不定状态

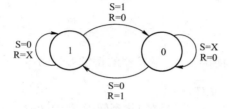

图 6–1　RS 触发器的状态转换图

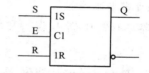

图 6–2　RS 触发器的逻辑符号

2）集成 RS 触发器 CC4043 介绍

CC4043 是由或非门组成的基本 RS 触发器，内部集成了 4 个相同模块，如图 6–3 所示。CC4043 具有三态锁存功能，由公共的三态控制输入端 EN 控制。当 EN 为逻辑 1 或高电平时，Q 端输出内部锁存器的状态；当 EN 为逻辑 0 或低电平时，Q 端呈高阻抗状态。三态功能使 CC4043 输出可以直接连到系统总线上。如果在一片集成器件中有多个触发器，通常在符号前面（或后面）加上数字，以表示不同触发器的输入、输出信号，如 S1、R1 与 O1 同属一个触发器。CC4043 的逻辑功能如表 6–2 所示。

表 6–2　CC4043 的逻辑功能表

R	S	EN	Q^{n+1}	功能说明
×	×	0	高阻	高阻态
0	0	1	Q^n	保持
0	1	1	1	置1
1	0	1	0	置0
1	1	1	不允许	不定状态

3）RS 触发器仿真

RS 触发器的实验电路如图 6–4 所示，用单刀双掷开关控制输入信号电压的高低，在输出

端接电平指示灯。在图 6-4 中，S = 1，R = 0，E = 1，输出端为高电平，指示灯亮，其他测试请参照表 6-2 所示的 CC4043 的逻辑功能表进行。

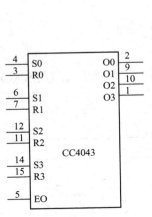

图 6-3　CC4043 的逻辑符号

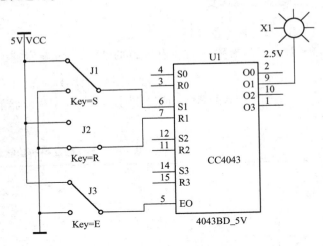

图 6-4　CC4043 的实验电路

2. JK 触发器仿真

1）JK 触发器基本特性

JK 触发器具有置 0、置 1、保持和翻转的功能。JK 触发器的特性方程为

$$Q^{n+1} = J\overline{Q^n} + \overline{K}Q^n$$

表 6-3 为 JK 触发器的功能表，图 6-5 为 JK 触发器的状态转换图，图 6-6 为 JK 触发器的逻辑符号，PR 为异步置 1 端，CLR 为异步置 0 端，均为低电平有效，CLK 为时钟输入端，下降沿触发。

表 6-3　JK 触发器的功能表

J	K	Q^{n+1}	功 能 说 明
0	0	Q^n	保持
0	1	0	置 0
1	0	1	置 1
1	1	$\overline{Q^n}$	计数翻转

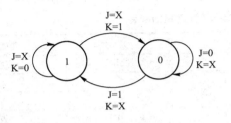

图 6-5　JK 触发器的状态转换图

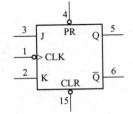

图 6-6　JK 触发器的逻辑符号

2）集成 JK 触发器 74LS76 介绍

74LS76 是 TTL 双 JK 触发器，内部集成了两个相同的 JK 触发器，带有预置和清零输入，下

降沿触发,其逻辑符号如图6-6所示。74LS76的逻辑功能如表6-4所示。

表6-4　74LS76的逻辑功能表

$\overline{R_D}$	$\overline{S_D}$	J	K	CP	Q^{n+1}	功能说明
0	1	×	×	×	0	异步置0
1	0	×	×	×	1	异步置1
1	1	0	0	↓	Q^n	保持
1	1	0	1	↓	0	置0
1	1	1	0	↓	1	置1
1	1	1	1	↓	$\overline{Q^n}$	计数
1	1	×	×	1	Q^n	保持
0	0	×	×	×	1	不允许

3）JK触发器仿真

JK触发器的实验电路如图6-7所示,用单刀双掷开关控制输入信号电压的高低,在输出端接电平指示灯。在图6-7中,J=1,K=0,置1和置0端为1,输出端为高电平,指示灯亮,其他测试请参照表6-4所示的74LS76的功能表进行。

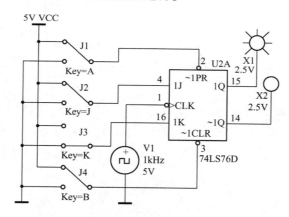

图6-7　74LS76的实验电路

3. D触发器仿真

1）D触发器基本特性

D触发器具有置0和置1的功能。D触发器的特性方程为

$$Q^{n+1} = D^n$$

表6-5为D触发器的功能表,图6-8为D触发器的状态转换图。

表6-5　D触发器的功能表

D	Q^{n+1}	功能说明
0	Q^n	保持
0	1	置1

2）集成 D 触发器 74LS74 介绍

74LS74 是一个上升沿触发的 D 触发器,每个器件中包含两个相同的、相互独立的 D 触发器电路模块。带有预置和清零输入,均为低电平有效,其逻辑符号如图 6-9 所示。74LS74 的逻辑功能如表 6-6 所示。

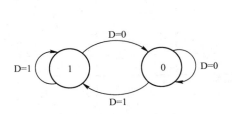

图 6-8　D 触发器的状态转换图

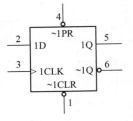

图 6-9　74LS74 的逻辑符号

表 6-6　74LS74 的逻辑功能表

$\overline{R_D}$	$\overline{S_D}$	CP	D	Q^{n+1}	功 能 说 明
0	1	×	×	0	异步置0
1	0	×	×	1	异步置1
1	1	↑	0	0	置0
1	1	↑	1	1	置1
1	1	↓	×	Q^n	保持

3）D 触发器仿真

D 触发器的实验电路如图 6-10 所示,用四通道示波器分别测量时钟信号和两个 D 触发器的输出信号,波形图如图 6-11 所示。从图中看出,该电路是一个分频电路,两个 D 触发器的输出信号分别是时钟信号的二分频和四分频。

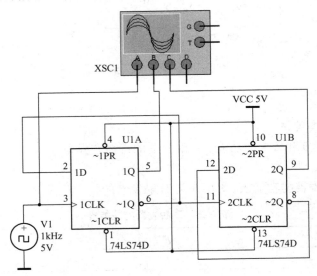

图 6-10　D 触发器的实验电路

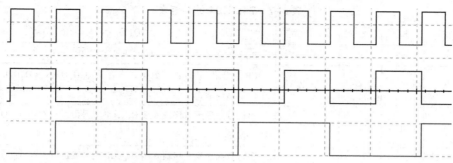

图 6-11　波形图

任务二　移位寄存器电路仿真

寄存器是用来存放数据或信息的电路,它是由具有存储功能的触发器组合起来构成的。一个触发器可以存储一位二进制代码,n 个触发器组成的寄存器可以存放 n 位二进制代码。

按照功能的不同,可将寄存器分为基本寄存器和移位寄存器两大类。基本寄存器又称为数码寄存器,其数据只能并行送入,需要时也只能并行输出。移位寄存器除具有数据存储的功能外,还能在移位脉冲作用下依次逐位左移或右移,其数据可以并行输入、并行输出,也可以串行输入、串行输出,还可以并行输入、串行输出,串行输入、并行输出,十分灵活,用途也非常广泛。按照所用开关元件的不同,寄存器有 TTL 寄存器和 CMOS 寄存器。按照移位情况的不同,可以分为单项移位寄存器和双向移位寄存器。

1. 4 位双向移位寄存器 74LS194

74LS194 是常用的集成移位寄存器,它是一个 4 位双向通用移位寄存器,由 4 个 D 触发器及它们的输入控制电路组成,可实现二进制信息的存储和双向移动,还可用于二进制数据的串、并行转换的二进制数据的传输。74LS194 的引脚排列如图 6-12 所示,D_3、D_2、D_1、D_0 为并行输入端,Q_3、Q_2、Q_1、Q_0 为并行输出端;D_{SR} 为右移串行输入端,D_{SL} 为左移串行输入端;S_1、S_0 为操作模式控制端;$\overline{R_D}$ 为直接清零端;CP 为时钟输入端。寄存器有 4 种不同的操作模式:并行寄存、右移(方向由 $Q_0 \rightarrow Q_3$)、左移(方向由 $Q_3 \rightarrow Q_0$)、保持。74LS194 的功能表如表 6-7 所示。

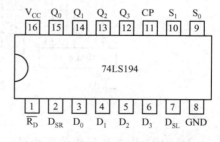

图 6-12　74LS194 的引脚排列

串行输入、并行输出:数据以串行方式加至左移控制端 D_{SL}(低位在前,高位在后),移位选择置左移方式($S_1 S_0 = 01$),这样,在 4 个单次脉冲作用下就能将 4 位二进制数码送入寄存器中,再获得并行的二进制数码输出。

并行输入、串行输出:数据以并行方式加至输入端,采用送数工作方式($S_1 S_0 = 11$),将数码存入寄存器中,然后以左移工作方式或右移工作方式获得数据的串行输出。

· 145 ·

表 6-7　74LS194 的功能表

CP	$\overline{R_D}$	S_1	S_0	功　能	$Q_0\ Q_1\ Q_2\ Q_3$
×	0	×	×	清除	$\overline{R_D} = 0, Q_0\ Q_1\ Q_2\ Q_3 = 0000$；正常工作，$\overline{R_D} = 1$
↑	1	1	1	送数	CP 上升沿，并行输入数据送寄存器 $Q_0 Q_1 Q_2 Q_3 = D_0 D_1 D_2 D_3$，此时串行数据被禁止
↑	1	0	1	右移	串行数据送至右移输入端 D_{SR}，CP 上升沿进行右移，$Q_0\ Q_1\ Q_2\ Q_3 = D_{SR}\ Q_0\ Q_1\ Q_2$
↑	1	1	0	左移	串行数据送至左移输入端 D_{SL}，CP 上升沿进行左移，$Q_0\ Q_1\ Q_2\ Q_3 = Q_1\ Q_2\ Q_3 D_{SL}$
↑	1	0	0	保持	CP 作用后寄存器内容保持不变
↓	1	×	×	保持	CP 作用后寄存器内容保持不变

2. 74LS194 仿真分析

1）74LS194 功能仿真分析

74LS194 功能仿真实验电路如图 6-13 所示，用拨动开关 J1 提供逻辑电平，排电阻 R1 是限流电阻，时钟信号源 V1 提供时钟信号，4 个指示灯显示输出信号。按表 6-7 拨动 J1，在不同情况下验证 74LS194 的功能。

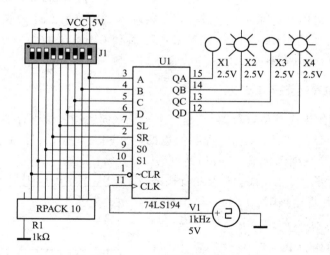

图 6-13　74LS194 功能仿真实验电路

2）74LS194 构成序列信号发生器

序列信号是指在同步脉冲作用下，按一定周期循环产生的一串二进制信号，如001111001111…001111，每隔 6 位重复一次，称为 6 位序列信号。

在图 6-14 中，74LS194 接成右移方式，其右移串行输入信号取自 QC。首先在清零信号的作用下，寄存器的输出端全部为 0，则 SR 为 1。然后，清零开关接高电平，寄存器开始工作，在时钟信号的作用下，数据右移，此时 QC 输出为 000111000111…000111，其输出波形如图 6-15 所示。其中，上面的波形为序列信号发生器的输出波形，下面的波形为时钟信号的波形。

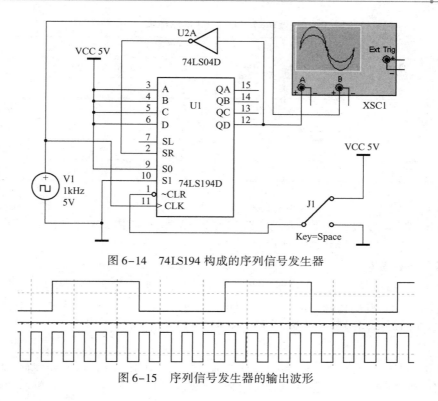

图 6-14 74LS194 构成的序列信号发生器

图 6-15 序列信号发生器的输出波形

任务三 计数器电路仿真

计数器不仅可以用于对时钟脉冲进行计数,还广泛应用于定时、分频,以及各种复杂的数字系统当中,因此,计数器是应用最广的一种典型的时序电路。

计数器的种类很多,特点各异。根据计数器中各个触发器翻转的先后次序分类,可以分为同步计数器和异步计数器;根据计数过程中计数器数字的增减分类,可以分为加法计数器、减法计数器和可逆计数器;根据计数器中数字的编码方式分类,可以分为二进制计数器、二—十进制计数器和循环码计数器等。

1. 集成计数器介绍

由于集成计数器体积小,功耗低,使用方便,所以在数字系统中得到了广泛的应用。集成计数器产品的类型很多,如 4 位同步二进制加法计数器 74LS161、同步十进制加法计数器 74LS160、同步十进制加/减法计数器 74LS190 等,它们的使用方法类似,下面以 74LS161 为例介绍其逻辑功能和使用方法。

74LS161 是 4 位同步二进制加法计数器,它的引脚图如图 6-16 所示,其中 CLR 是清零端,LOAD 是置数控制端,D、C、B、A 是预置数据输入端,ENP 和 ENT 是计数使能控制端,RCO 是进位输出端。74LS161 的功能表如表 6-8 所示,由表可知,它具有 4 种工作方式。

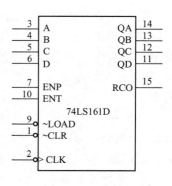

图 6-16 74LS161 的引脚图

表 6-8　74LS161 的功能表

清　零	预　置	使　能		时　钟	预置数据输入				输　出				工　作　模　式
CLR	LOAD	ENP	ENT	CP	D	C	B	A	QD	QC	QB	QA	
0	×	×	×	×	×	×	×	×	0	0	0	0	异步清零
1	0	×	×	↑	d_3	d_2	d_1	d_0	d_3	d_2	d_1	d_0	同步置数
1	1	0	×	×	×	×	×	×	保　　持				数据保持
1	1	×	0	×	×	×	×	×	保　　持				数据保持
1	1	1	1	↑	×	×	×	×	计　　数				加法计数

1）异步清零

当 CLR = 0 时,计数器处于异步清零工作方式,这时,不管其他输入端的状态如何,计数器输出将被直接清零。由于清零不受时钟信号控制,所以称为异步清零。

2）同步并行置数

在 CLR = 1,LOAD = 0 时,计数器处于计数工作方式,这时,在时钟脉冲 CP 上升沿作用下,D、C、B、A 输入端的数据将分别被 QD、QC、QB、QA 所接收。由于置数操作要与 CP 上升沿同步,且 A ~ D 的数据同时入计数器,所以称为同步并行置数。

3）计数

当 CLR = LOAD = ENT = ENP = 1 时,计数器处于计数工作方式,在时钟脉冲 CP 上升沿作用下,实现 4 位二进制加法计数器的计数功能,计数过程共有 16 个状态,计数器的模为 16,当计数器状态为 QD QC QB QA = 1111 时,进位输出 RCO = 1。

4）保持

当 CLR = LOAD = 1,ENT · ENP = 0 时,计数器处于保持工作方式,即不管有无 CP 脉冲信号,计数器都将保持原有状态不变。此时,如果 ENP = 0,ENT = 1,进位输出 RCO 也保持不变;如果 ENT = 0,不管 ENP 状态如何,进位输出 RCO = 0。

2. 74LS161 仿真分析

实际应用中常用一片或几片集成计数器经过适当连接,就可以构成任意进制的计数器,经常采用的方法有反馈清零法、反馈置数法和级联法。

1）反馈清零法

用反馈清零法构成任意进制计数器,就是将计数器的输出状态反馈到计数器的清零端,使计数器由此状态返回到 0 再重新开始计数,从而实现 N 进制计数。清零信号的选择与芯片的清零方式有关。若芯片为异步清零方式,可使芯片瞬间清零,其有效循环状态数与反馈状态相等;若芯片为同步清零方式,芯片需要在 CP 到来时清零,其有效循环状态数与反馈状态加 1 相等。

如图 6-17 所示是 74LS161 采用反馈清零法构成的六进制计数器,计数器从 0 ~ 5 进行计数,当计数到 5 时,与非门输出为低电平,送往清零端,使 74LS161 清零,于是从零开始重新计数。数码管输入信号是 BCD 码,可以直接显示计数结果。

2）反馈置数法

用反馈置数法构成任意进制计数器,就是将计数器的输出状态反馈到计数器的置数端,使

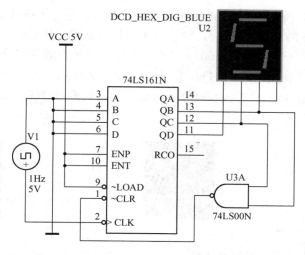

图 6-17　采用反馈清零法构成的六进制计数器

计数器由预置数开始重新计数,从而实现 N 进制计数。置数信号的选择与芯片的置数方式有关。若芯片为异步置数方式,可使芯片瞬间置数;若芯片为同步置数方式,芯片需要在 CP 到来时置数。

如图 6-18 所示是 74LS161 采用反馈置数法构成的六进制计数器。选用 0111、1000、1001、1010、1011、1100 这 6 个状态,当出现 1100 这个状态时,通过与非门输出低电平,送往置数端,在时钟信号 CP 到来时,74LS161 置数,设置预置数为 0111,重新计数。

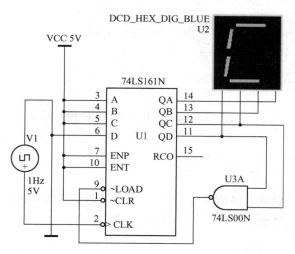

图 6-18　采用反馈置数法构成的六进制计数器

3）级联法

当计数值超过计数器计数范围后,需要用两片以上集成计数器连接完成任意进制计数器,这时要采用级联法。74LS161 的最大计数模值为 16,要构成六十进制计数器需要两片 74LS161。由于 74LS161 同时具有异步清零和同步置数功能,所以可采用整体清零或整体置数的方式构成六十进制计数器。如图 6-19 所示是由两片 74LS161 采用级联法构成的六进制计数器,采用整体清零法。两片 74LS161 采用并行进位的方式进行级联,U1 始终处于计数状态,它的进位输出提供 U2 的计数控制信号,使它处于计数或保持工作模式。

第一个状态为全 0 状态,应在第 60 个状态产生有效的异步清零信号,第 60 个状态应为十进制数 60,对应的二进制代码为 00111100。U1 的 QD、QC 和 U2 的 QB、QA 接四输入与非门 74LS20 的输入端,在第 60 个状态,与非门输出低电平,送往两片 74LS161 的异步清零端,计数器清零,重新开始计数。

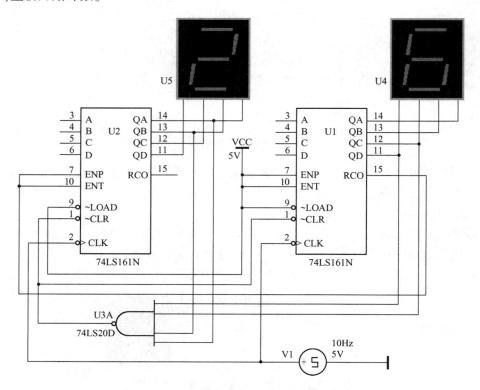

图 6-19　采用级联法构成的六十进制计数器

任务四　简单数字钟电路仿真

数字钟是一种采用数字电路技术实现小时、分钟和秒数字显示的计时装置,它与传统机械表相比,具有走时准确、显示直观等特点,不仅作为家用电子钟为大家所喜爱,而且在许多公共场所也被广泛采用。

1. 数字钟的构成分析

(1) 简单数字钟应具有的功能。

① 准确计时,以数字形式显示小时、分钟和秒的时间。

② 小时的计时要求为二十四进制,分钟和秒的计时要求为六十进制。

③ 具有手动校时和校分的功能。

(2) 数字钟的构成分析。数字钟一般由振荡器、分频器、计数器、译码显示和校时电路等构成。其中振荡器和分频器组成标准秒信号发生器;由不同进制的计数器、译码器和显示器组成计时系统。秒信号送入计数器进行计数,把累计的结果以小时、分钟和秒的数字显示出来。小时显示由二十四进制计数器、译码器和显示器构成。分钟和秒显示分别由六十进制计数器、译码器和显示器构成。数字钟原理框图如图 6-20 所示。

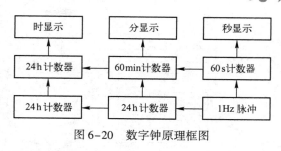

图 6-20   数字钟原理框图

2. 数字钟电路设计

(1)秒信号电路。秒信号一般由振荡器和分频器组成,如果精度要求不高,可以 555 定时器与 RC 组成多谐振荡器,振荡的频率为 1000Hz,然后通过 1000 分频,即可得到 1s 信号。如果精度要求较高,可采用石英晶体振荡器,然后再通过分频器。本例中采用 1Hz 的信号源作为秒信号。

(2)分钟和秒计数电路。分钟和秒计数电路都是六十进制计数器,分别由两片 74LS90D 构成。秒的计数时钟为秒信号,计满 60s 产生分钟进位信号,分钟计数电路计满 60min 产生小时进位信号。秒计数电路的子电路如图 6-21 所示,分钟计数电路和秒计数电路相同。

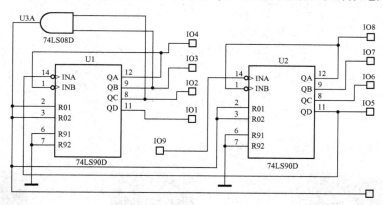

图 6-21   秒计数电路的子电路

(3)小时计数电路。小时计数电路的计数信号为分钟的进位信号,它是二十四进制计数器,也由两片 74LS90D 构成,小时计数电路的子电路如图 6-22 所示。

(4)显示电路。本例 74LS90D 输出的是 BCD 码,所以采用 BCD 数码管直接显示计时数值。如果采用 7 段数码管显示,则需要采用 BCD-7 段译码器电路进行译码。

(5)校时电路。当数字钟接通电源或计时出现误差时,需要校正时间(或称校时),校时是数字钟应该具备的基本功能。在这里只进行分钟和小时的校时,校时子电路如图 6-23 所示。

J1、J2 分别是时校正和分校正的开关。不校正时,J1、J2 打开,校正时,J1、J2 闭合,拨动一次,即可增加 1。在开头接通或闭合时,可能会产生抖动,在电路中接入电容 C1、C2 可以缓解抖动。

3. 数字钟仿真分析

简单数字钟的总体电路如图 6-24 所示。校正时 J3 闭合,拨动 J1 和 J2 分别校正小时和分钟,不校正时,J3 断开,正常计时。启动仿真,观察数字钟的计数和校正情况。

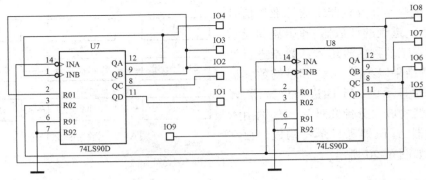

图 6-22　小时计数电路的子电路

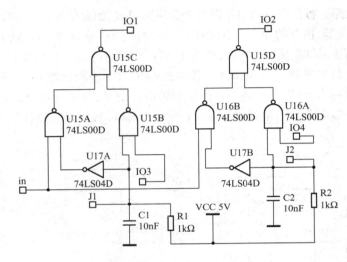

图 6-23　校时子电路

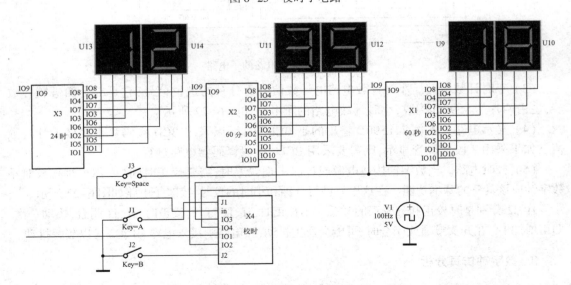

图 6-24　简单数字钟的总体电路

数字钟还可以加入整点报时等功能,可以进一步完善改进。

二、项目基本知识

知识点一　子电路和层次化

Multisim 10 允许用户把一个电路内嵌于另一个电路中,被内嵌的电路称为子电路。为了使电路的外观简化,子电路在主电路中仅仅显示为一个符号。

对于工程化/团队化设计来说,子电路的功能还可以扩展到层次化设计。在这种情况下,子电路被保存为可编辑的独立的略图文件。子电路和主电路的连接是一种活动连接,也就是说,如果把电路 A 作为电路 B 的子电路,可以单独打开 A 进行修改,而这些修改会自动反映到电路 B 中,以及其他用到电路 A 的电路中,这种特殊性称为层次化设计。

在电路中接入子电路之前,需要给子电路添加输入/输出节点,当子电路被嵌入主电路时,该节点会出现在子电路的符号上,以便设计者能看到接线点。下面以六十进制计数器电路的创建为例说明子电路的创建步骤。

1. 建立子电路

新建子电路的步骤如表 6-9 所示。

2. 电路用子电路替换

电路用子电路替换也可以创建子电路,其操作步骤如表 6-10 所示。

表 6-9　新建子电路的步骤

步骤	操 作 过 程	操作界面图
(1)	执行菜单【放置】→【新建子电路】命令后,弹出【子电路名】对话框,如图 6-25 所示,在文本框中输入子电路的名字,如"60C",单击【确定】按钮	 子电路名 60C 确定　取消　帮助 图 6-25　【子电路名】对话框
(2)	在电路窗口中,新建的子电路像元件一样,可以放置在合适位置,现在它没有引脚,如图 6-26 所示,X1 为参考标识。同时,系统创建一个名字为"60C"的电路文件	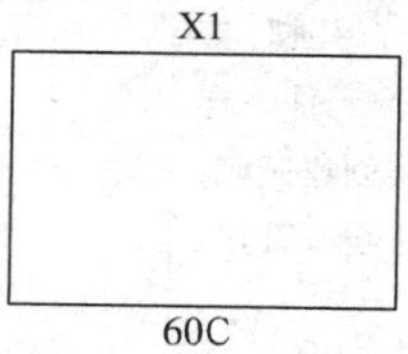 X1 60C 图 6-26　子电路符号

步骤	操 作 过 程	操 作 界 面 图
(3)	在设计工具箱中,单击"60C"文件,在这里放置元件,连接导线,绘制电路,如图6-27所示	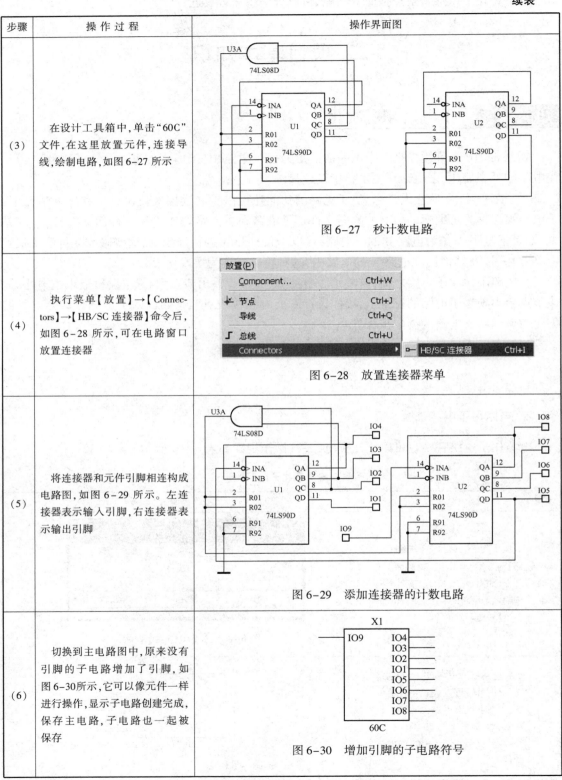
(4)	执行菜单【放置】→【Connectors】→【HB/SC 连接器】命令后,如图6-28所示,可在电路窗口放置连接器	
(5)	将连接器和元件引脚相连构成电路图,如图6-29所示。左连接器表示输入引脚,右连接器表示输出引脚	
(6)	切换到主电路图中,原来没有引脚的子电路增加了引脚,如图6-30所示,它可以像元件一样进行操作,显示子电路创建完成,保存主电路,子电路也一起被保存	

图6-27 秒计数电路

图6-28 放置连接器菜单

图6-29 添加连接器的计数电路

图6-30 增加引脚的子电路符号

表6-10　电路用子电路替换的操作步骤

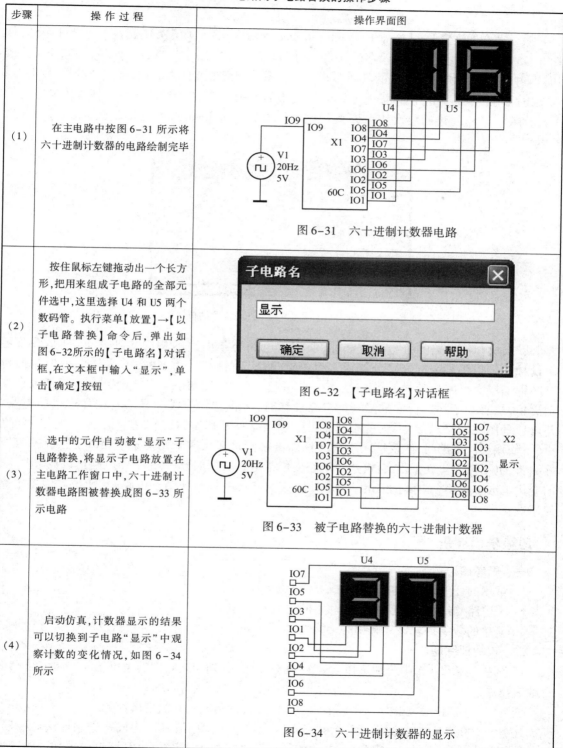

步骤	操　作　过　程	操 作 界 面 图
(1)	在主电路中按图6-31所示将六十进制计数器的电路绘制完毕	图6-31　六十进制计数器电路
(2)	按住鼠标左键拖动出一个长方形,把用来组成子电路的全部元件选中,这里选择U4和U5两个数码管。执行菜单【放置】→【以子电路替换】命令后,弹出如图6-32所示的【子电路名】对话框,在文本框中输入"显示",单击【确定】按钮	图6-32　【子电路名】对话框
(3)	选中的元件自动被"显示"子电路替换,将显示子电路放置在主电路工作窗口中,六十进制计数器电路图被替换成图6-33所示电路	图6-33　被子电路替换的六十进制计数器
(4)	启动仿真,计数器显示的结果可以切换到子电路"显示"中观察计数的变化情况,如图6-34所示	图6-34　六十进制计数器的显示

3. 层次块

执行菜单【放置】→【New Hierarchical Block】命令,弹出【层次块属性】设置对话框,如图 6-35 所示,输入层次块要保存的文件名,以及输入、输出引脚的数目,然后单击【确定】按钮,即可创建层次块。层次块的具体形式可以在系统创建的文件中绘制,层次块的符号和使用与子电路相同。具体的电路也可以执行菜单【放置】→【以层次块替换】命令,将具体电路替换为层次块。已经创建的层次块可以执行菜单【放置】→【Hierarchical Block from File】命令来打开。

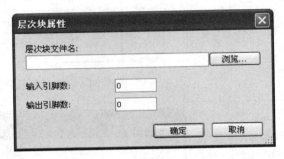

图 6-35 【层次块属性】设置对话框

层次块和子电路的符号和方法相同,层次电路与子电路的相同之处在于,都是基于层次设计的思想将复杂的电路分解成多个简单电路,而且都使用 HB/SB connector,但它们也有区别。层次电路在建立时就相互连接在一起,某一电路更新后,与此相连的电路也会自动更新,这有利于在进行大的复杂的电路设计时,可将它们分成一些小的相互连接的电路,并以原理图文件格式保存,这些小电路可以被独立打开和编辑,当更新时,整个电路也随之更新,使用层次电路时,建议使用工程文件以方便管理多层次电路。子电路不能被直接打开并编辑,也不需要建立工程文件,当子电路变成某电路的一部分后,这个子电路可以被修改,它的变化也会影响整个电路的变化,但是只能从主电路中打开这个子电路,不能被其他主电路使用。

项目学习评价

一、思考练习题

1. 常用的任意进制计数器的构成方法有哪些?

2. 子电路和层次块有哪些相同和不同之处?

3. 简单的数字钟应该具有哪些功能?

二、技能训练题

任务一 在元件库中分别选择 RS、JK、D 触发器,分别测试它们的逻辑功能并填入自己设计的表格中。

任务二 用 JK 触发器分别构成 D 和 T 触发器,并测试它们的逻辑功能。

任务三 用 74LS190 构成计数器并显示仿真结果。①用清零法构成八进制加法计数器;②用置数法构成八进制加法计数器;③构成一个六进制减法计数器;④用级联法构成二十四进制加法计数器。

三、技能评价评分表

班级：_____ 姓名：_____ 成绩：_____

评价项目	项目评价内容	分值	自我评价	小组评价	教师评价	得分
理论知识	① 触发器的逻辑功能	10				
	② 任意进制计数器的构成方法	10				
	③ 子电路和层次块的概念	10				
实操技能	① 触发器的仿真	15				
	② 计数器的仿真方法及应用	20				
	③ 简单数字钟的构成和仿真	15				
学习态度	① 出勤情况	6				
	② 课堂纪律	6				
	③ 按时完成作业	8				

项目七

可编程任意波形发生器电路仿真

项目情境创设

随着计算机技术的飞速发展与普及,用数字电路处理模拟信号的情况越来越多,然而系统的实际处理对象往往都是一些模拟量,这就需要在模拟信号与数字信号之间进行相互转换。能将模拟信号转换成数字信号的电路称为模数转换器(简称 A/D 转换器或 ADC),而能将数字信号转换成模拟信号的电路称为数模转换器(简称 D/A 转换器或 DAC),ADC 和 DAC 已经成为计算机系统中不可缺少的接口电路。

项目学习目标

	学 习 目 标	学 习 方 式	学 时
技能目标	① 掌握 ADC 仿真方法; ② 掌握 DAC 仿真方法; ③ 掌握可编程任意波形发生器的设计	学生上机操作,教师指导、答疑	2 课时
知识目标	① 掌握元件查找的方法; ② 掌握元件创建的方法	教师讲授 重点:元件创建的方法	2 课时

项目基本功

一、项目基本技能

任务一 ADC 电路仿真

1. ADC

ADC 用来将模拟信号转换成一组相应的二进制数码。由于 ADC 的输入量是随时间连续变化的模拟信号,而输出是随时间断续变化的离散数字信号,所以在转换过程中,首先要对模拟信号进行采样、保持,然后再进行量化、编码。输出数字量与模拟量之间的关系为

$$(D_n)_2 = \frac{V_{IN} \times 2^n}{V_{REF}} \qquad (7-1)$$

式中,n 为编码位数;D_n 为输出数字量;V_{IN} 为输入电压;V_{REF} 为参考电压。

在 Multisim 中,单击【放置杂项元件】→【ADC_DAC】→【ADC】,放置 ADC,其符号如图 7-1 所示。它是一个 8 位的 ADC,Vin 为模拟电压输入端;Vref + 为参考电压"+"端,接直流参考源的正端,其大小视用户对量化精度的要求而定;Vref − 为参考电压"−"端,一般与地连接;SOC 启动转换信号端,只有从低电平变成高电平时,转换才开始;OE 为输出允许端;EOC 为转换结束标志,高电平表示转换结束;D7 ～ D0 是 8 位数字量输出端。

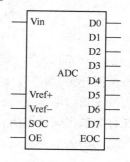

2. 仿真实验与分析

图 7-1　ADC 符号

按图 7-2 所示绘制电路。打开仿真开关,调整电位器 R1 的阻值,改变的是输入模拟电压值,由电压表直接测量。输出端指示灯的亮灭表示转换出的数码,灯亮表示 1,灯灭表示 0。转换结束后,当开关 J1 由低电平变为高电平时,允许输出。

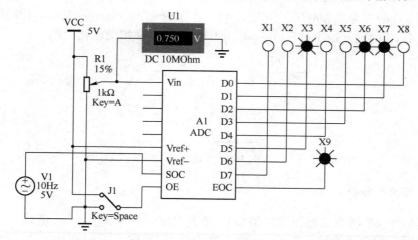

图 7-2　ADC 转换仿真电路

由公式(7-1)可知,$V_{IN} = (D_n/256) \times 5$,根据输出的数码值计算输入模拟电压值,与仿真测量的结果进行比较。在图 7-2 中,输出 $D_n = 00100110$,代入计算得到输入电压为 0.74V,与测量值 0.75V 接近。同样,可以调整电阻 R1 的阻值,改变输入电压,与由输出数字量计算得到的电压相比较,并填写表 7-1。

表 7-1　模拟电压与数字量的对应表

输入模拟电压					
输出数字量					
计算输入电压					

任务二 DAC 电路仿真

1. DAC

DAC 可以将数字信号转换为模拟信号,一般 DAC 的基本组成可分为 4 部分:电阻网络、电子模拟开头、参考电压源及求和运算放大器。DAC 数码输入端全加 1 时,DAC 的输出电压称为满度输出电压,它决定了 DAC 的电压输出范围。DAC 数码输入端全加 0 时,DAC 的输出电压称为输出偏移电压,理想的 DAC 中,输出偏移电压为 0。DAC 输出的模拟量与输入的数字量之间的关系为

$$u_o = -\frac{V_{REF}}{2^n}D_n \qquad (7-2)$$

式中,n 为输入二进制位数;D_n 为输入数字量;u_o 为输出量模拟电压;V_{REF} 为参考电压。

在 Multisim 中,单击【放置杂项元件】→【ADC_DAC】→【VDAC】,放置 DAC,其符号如图 7-3 所示。它是一个 8 位的输出为电压的 DAC,D7 ～ D0 是 8 位数字量输入端;Vref + 为参考电压 " + " 端,Vref – 为参考电压 " – " 端,Vref + 和 Vref – 端的电压差表示要转换的模拟电压范围,也就是 DAC 的满度输出电压;Output 为 DAC 转换的模拟电压输出端。

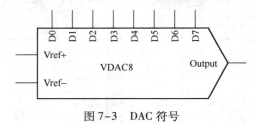

图 7-3　DAC 符号

2. 仿真实验与分析

按图 7-4 所示绘制 8 位电压输出型 DAC 仿真电路。打开仿真开关,进行 D/A 转换仿真测试。首先进行 DAC 满度输出电压的设定,在 DAC 数码输入端全部加 1,然后调整电位器 R2,使要转换的电压范围在 0 ～ 5V 之间确定下来,本例的满度电压为 5V。然后改变拨动开头 J1 的状态,改变输入需要转换为电压的二进制代码,这时在数码管上显示的数字即是,它是二位的十六进制代码。在输出端由电压表直接测量输出的模拟电压数值。

由公式(7-2)可知,$u_o = -(D_n/256) \times 5$,根据输入的数码值计算输出模拟电压值,与仿真测量的结果进行比较。在图 7-2 中,输入 $D_n = 01010110$,化为十进制数,代入计算得到输出电压为 – 1.68V,与测量值一致。同样,可以调整拨动开关 J1 的状态,改变输入数值,计算得到理论输出模拟电压值,与由电压表测量的输出电压相比较,并填写表 7-2。

表 7-2　数字量与模拟电压的对应表

输入数字量					
计算输出电压					
测量输出电压					

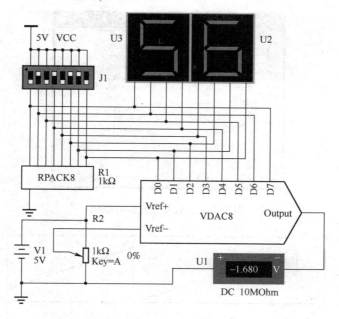

图 7-4　DAC 转换仿真电路

任务三　可编程任意波形发生器

电压输出型 DAC 输出的模拟电压与输入的数字量之间的关系如式(7-2)所示。如果能够改变数字控制信号 D7 ~ D0 的权值,就可以改变输出电压 u_o。利用单片机等器件,通过编程使数字控制信号 D7 ~ D0 按照一定的规律变化,则 DAC 的输出电压是与按一定规律变化的数字控制信号 D7 ~ D0 相对应的波形,从而实现可编程任意波形发生器。

简单的可编程任意波形发生器可以采用字信号发生器代替单片机,如图 7-5 所示。字信号发生器设置的编码是从 255 ~ 0 递减 1,如图 7-6 所示。字信号发生器的编码通过 DAC 在输出端得到模拟电压,用示波器观察其波形,如图 7-7 所示。

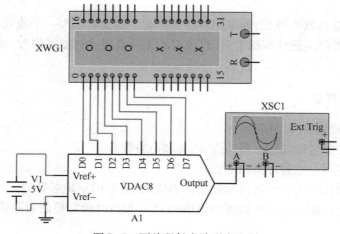

图 7-5　可编程任意波形发生器

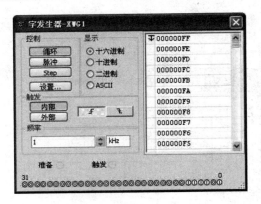

图 7-6　字信号发生器的编码

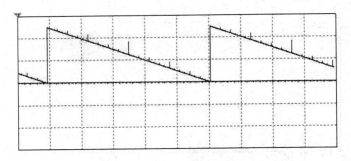

图 7-7　输出电压的波形

在图 7-6 中,改变字信号发生器编码的规律,可得到受此编码控制的波形输出。

二、项目基本知识

知识点一　元件操作

元件是设计电路的基本单元,如果用户在进行某个仿真时缺少一个或几个仿真元件,这时可以利用 Multisim 提供的元件编辑工具,对现有的元件模型进行编辑修改,或者直接创建一个新的元件。

1. 元器件基本信息

一个元器件大致包含 4 类信息。

(1)一般信息:如名称、描述、制造商、图标和电特性等。

(2)符号:原理图中元器件的图形表述。

(3)模型:在仿真时代表元器件实际操作的信息,这对仿真是必需的。

(4)引脚图:包含此元器件从原理图输出到 PCB 布线时所需要的封装信息。

2. 查找元件

在放置元件时,如果不知道元件在哪一个库和系列中,只知道该元件的部分关键字,可以利用查找功能快速找到所需要的元器件,具体操作步骤如表7-3所示。

表7-3　查找元件的操作步骤

步骤	操作步骤	操作界面图
（1）	放置元件时,在【选择元件】对话框中单击【搜索】按钮,弹出【搜索元件】对话框,如图7-8 所示	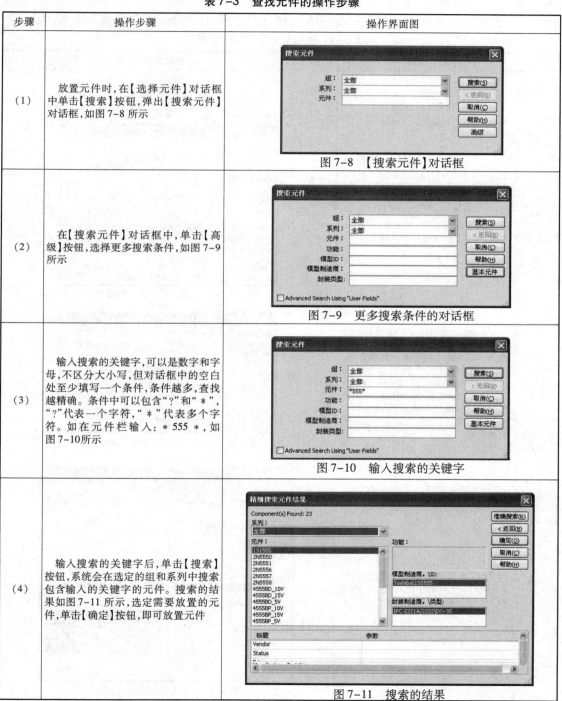图7-8　【搜索元件】对话框
（2）	在【搜索元件】对话框中,单击【高级】按钮,选择更多搜索条件,如图7-9 所示	图7-9　更多搜索条件的对话框
（3）	输入搜索的关键字,可以是数字和字母,不区分大小写,但对话框中的空白处至少填写一个条件,条件越多,查找越精确。条件中可以包含"?"和"＊", "?"代表一个字符,"＊"代表多个字符。如在元件栏输入:＊555＊,如图7-10所示	图7-10　输入搜索的关键字
（4）	输入搜索的关键字后,单击【搜索】按钮,系统会在选定的组和系列中搜索包含输入的关键字的元件。搜索的结果如图7-11所示,选定需要放置的元件,单击【确定】按钮,即可放置元件	图7-11　搜索的结果

3. 创建新元件

Multisim 元件库中包含的元件已经相当丰富，但有时仍无法从这些元件库中找到自己需要的元件，如特殊的元件或新开发出来的元件，因此，在进行电路设计时常需要创建新的元件。Multisim 的主数据库不允许编辑元件，需要创建或修改元件只能在公共数据库或用户数据库进行。以创建高频小功率三极管 3DG100A 为例，创建新元件的操作步骤如表 7-4 所示。

表 7-4　创建新元件的操作步骤

步骤	操作步骤	操作界面图
(1)	单击标准工具栏的创建元件图标 △，或者执行菜单【工具】→【元件向导】命令，如图 7-12 所示	图 7-12　图标和菜单
(2)	在弹出的【元件向导—步骤 1 of 8】对话框中输入元件信息，如图 7-13 所示。元件信息包括元件名称、作者姓名、元件类型、功能描述和元件用途等。设置完毕后，单击【下一步】按钮，弹出【元件向导—步骤 2 of 8】对话框	图 7-13　元件向导—步骤 1
(3)	在弹出的【元件向导—步骤 2 of 8】对话框中输入封装信息，如图 7-14 所示。需要确定封装制造商和类型。单击按钮【单元元件】和【多单元元件】，用来选择要创建的元件是单一封装还是复合型封装，同时还要设置引脚数目。设置完毕后，单击【下一步】按钮，弹出【元件向导—步骤 3 of 8】对话框	图 7-14　元件向导—步骤 2
(4)	在图 7-14 中，选择封装类型时可以单击【选择封装】按钮，在弹出的【选择封装】对话框中选择，本例选择 TO-92，如图 7-15 所示	图 7-15　【选择封装】对话框

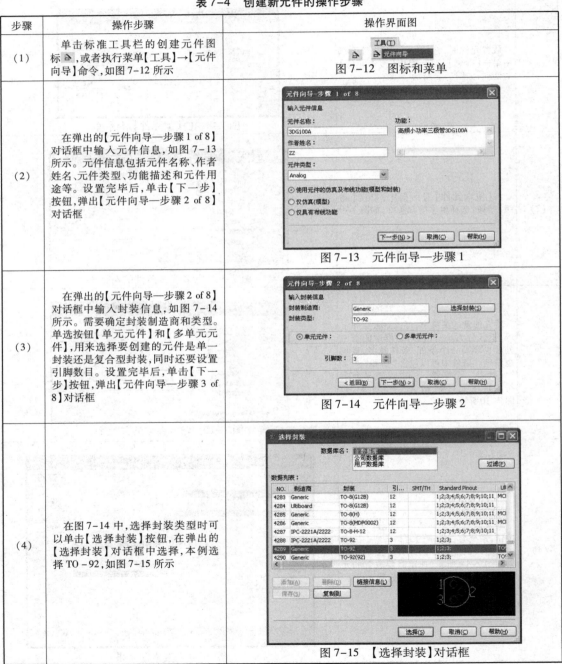

步骤	操作步骤	操作界面图
(5)	在弹出的【元件向导—步骤3 of 8】对话框中输入符号信息,如图7-16所示。符号信息可以编辑也可以从数据库复制。设置完毕后,单击【下一步】按钮,弹出【元件向导—步骤4 of 8】对话框	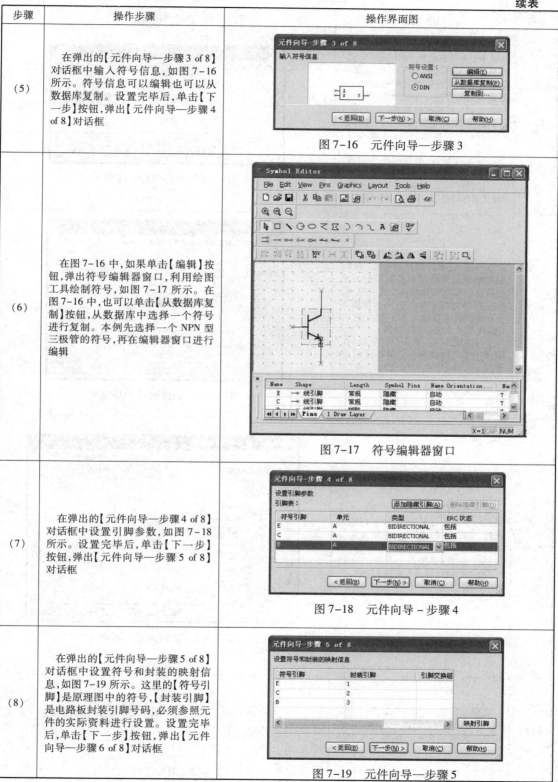图7-16 元件向导—步骤3
(6)	在图7-16中,如果单击【编辑】按钮,弹出符号编辑器窗口,利用绘图工具绘制符号,如图7-17所示。在图7-16中,也可以单击【从数据库复制】按钮,从数据库中选择一个符号进行复制。本例先选择一个NPN型三极管的符号,再在编辑器窗口进行编辑	图7-17 符号编辑器窗口
(7)	在弹出的【元件向导—步骤4 of 8】对话框中设置引脚参数,如图7-18所示。设置完毕后,单击【下一步】按钮,弹出【元件向导—步骤5 of 8】对话框	图7-18 元件向导-步骤4
(8)	在弹出的【元件向导—步骤5 of 8】对话框中设置符号和封装的映射信息,如图7-19所示。这里的【符号引脚】是原理图中的符号,【封装引脚】是电路板封装引脚号码,必须参照元件的实际资料进行设置。设置完毕后,单击【下一步】按钮,弹出【元件向导—步骤6 of 8】对话框	图7-19 元件向导—步骤5

步骤	操作步骤	操作界面图
(9)	在弹出的【元件向导—步骤6 of 8】对话框中设置仿真模型,如图7-20所示。 从数据库中选择:表示从数据库中复制已有的元件模型或相近模型,这是最常用的方法。本例选择2N3390作为复制元件模型的来源。 制造模型:用于创建基于元件参数数据的SPICE模型,如运算放大器、二极管、三极管等。 从文件加载:由模型程序加载,可以用C语言编写元件模型定义。 设置完毕后,单击【下一步】按钮,弹出【元件向导—步骤7 of 8】对话框	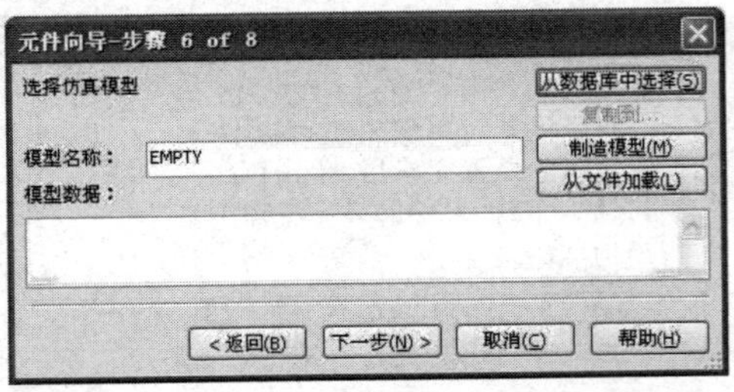 图7-20 元件向导—步骤6
(10)	在弹出的【元件向导—步骤7 of 8】对话框中设置符号和仿真模型的映射信息。如果需要修改,单击序号,然后在弹出的下拉列表中选择新序号。本例将E修改为3,C修改为1,B修改为2,如图7-21所示。 设置完毕后,单击【下一步】按钮,弹出【元件向导—步骤8 of 8】对话框	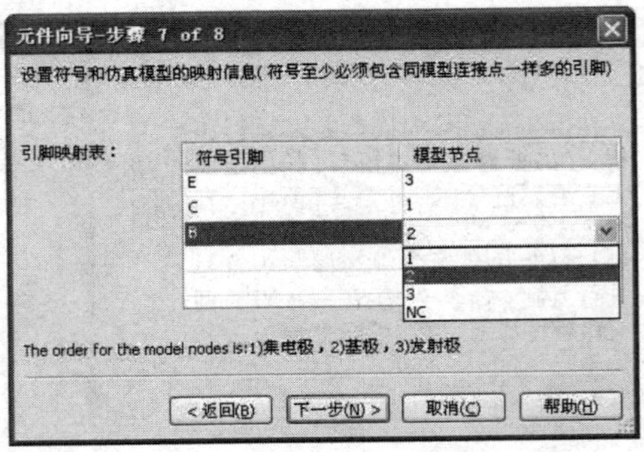 图7-21 元件向导—步骤7
(11)	在弹出的【元件向导—步骤8 of 8】对话框中选择数据库、组和系列加入元件,如图7-22所示。在加入元件之前,应先单击【添加系列】按钮,添加新的元器件系列。 设置完毕后,单击【完成】按钮,完成元件的创建	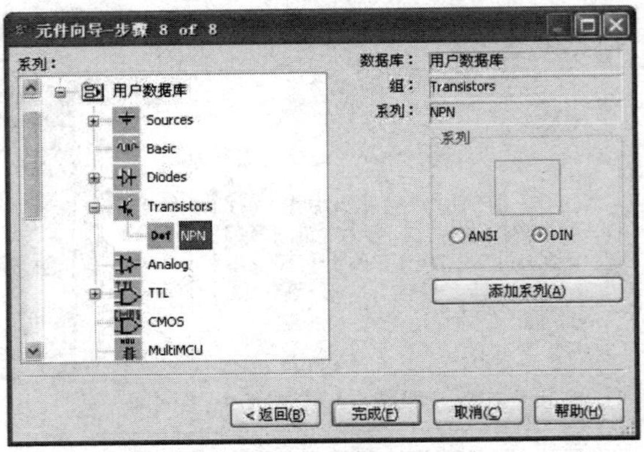 图7-22 元件向导—步骤8
(12)	创建元件之后,可以像放置其他元件一样,到用户数据库中选择。本例创建的高频小功率三极管3DG100A的符号如图7-23所示	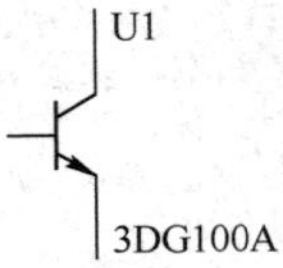 图7-23 3DG100A的符号

项目学习评价

一、思考练习题

元器件大致包括哪些信息？

二、技能训练题

利用 VDAC 设计一个波形发生器，产生：①方波；②三角波；③锯齿波。

三、技能评价评分表

班级：_____　　姓名：_____　　成绩：_____

评价方面	项目评价内容	分值	自我评价	小组评价	教师评价	得分
理论知识	① 掌握元件查找的方法	10				
	② 掌握元件创建的方法	20				
实操技能	① ADC 仿真方法	15				
	② DAC 仿真方法	15				
	③ 可编程任意波形发生器的设计	20				
学习态度	① 出勤情况	6				
	② 课堂纪律	6				
	③ 按时完成作业	8				

项目八

声音录放电路仿真

项目情境创设

LabVIEW(Laboratory Virtual Instrument Engineering)是一种图形化的编程语言,又称为 G 语言。LabVIEW 图形化开发工具目前被广泛应用于产品设计的各个环节,使用该工具有利于改善产品质量、缩短产品投放市场的时间,并提高产品开发和生产效率。在 LabVIEW 环境下开发的程序称为虚拟仪器(Virtual Instrumention,VI),它通过计算机虚拟出仪器的面板和相应的功能,然后通过鼠标或键盘操作仪器。使用 LabVIEW 几乎可以构造出任何功能的仪器,从而衍生了"软件即是仪器"的概念,并在机械、电子、通信和航空航天等领域得到了广泛应用。

项目学习目标

	学 习 目 标	学 习 方 式	学 时
技能目标	① 掌握虚拟仪器的使用; ② 掌握虚拟仪器的创建方法	学生上机操作,教师指导、答疑	4 课时
知识目标	① 了解虚拟仪器的概念; ② 掌握虚拟仪器的创建; ③ 掌握 Multisim 使用虚拟仪器; ④ 掌握 Multisim 与 LabVIEW 的数据通信	教师讲授 重点:虚拟仪器的创建	2 课时

项目基本功

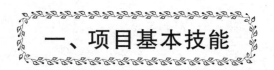

一、项目基本技能

任务一 声音录放电路仿真

Multisim 提供的 LabVIEW 虚拟仪器实例有 4 种,分别是麦克风(Microphone)、扬声器(Speaker)、信号发生器(Signal Generator)和信号分析仪(Signal Analyzer)。在 Multisim 仪器栏中,单击 LabVIEW 虚拟仪器的下拉箭头,可以看到这 4 个虚拟仪器,如图 8-1 所示。这 4 种虚拟仪器的源代码可在 Multisim 安装目录下的子目录…\samples\LabVIEW Instruments 中找到,其使用方法和 Multisim 自带的仪器一样,单击后可以直接放到电路窗口中。

1. 麦克风(Microphone)

麦克风仪器能够从计算机声卡录制音频数据(如麦克风、CD 播放器等),它的输出在 Multisim 中作为信号源使用。在电路仿真前,先进行设置和录制音频数据,在仿真过程中它作为音频信号源使用。麦克风仪器的使用方法如表 8-1 所示。

图 8-1　Multisim 自带的
4 种虚拟仪器

表 8-1　麦克风仪器的使用方法

步骤	使用步骤	操作界面图
(1)	在电路窗口中放置麦克风仪器图标,如图 8-2 所示	**XLV1** Output 图 8-2　麦克风仪器图标
(2)	双击麦克风仪器图标,弹出【Microphone】(麦克风)属性对话框,如图 8-3所示。Device:音频设备,一般选择默认设备;Recording Duration:设置录音时间;Sample Rate:设置采样频率,采样频率越高,输出信号的品质越好,但是仿真的速度也越慢;Repeat Recorded Sound:选择此复选框,麦克风重复输出录音数据,若没有选择此项,当仿真时间超过录音时间的长度时,麦克风输出的录音信号的电压为 0V	Microphone-XLV1 Device Realtek HD Audio Input　0 Recording Duration (s) 1.00 Sample Rate (Hz) 48000　11025.00 40000 30000 20000 8000 Repeat Recorded Sound Record Sound 图 8-3　【Microphone】属性对话框
(3)	单击【Microphone】属性对话框中的录音按钮【Record Sound】,如图 8-4 所示,麦克风按设置属性对计算机声卡输入的信号进行录音	Record Sound 图 8-4　录音按钮
(4)	创建如图 8-5 所示的音频滤波电路。启动仿真,此时麦克风仪器会把刚才录制的音频信号作为一个电压信号输出,经过滤波器后,在扬声器上输出	C3 10nF IC=0V R1 180kΩ　V2　12V XLV1　Output　R2 68kΩ　C1 10nF IC=0V　2　4 U1　6　XLV2 Input 3　7 1 5　741 R3 2.7kΩ　V1 12V 图 8-5　音频滤波电路

2. 扬声器(Speaker)

扬声器仪器可以提供电压形式的输出信号,经计算机音频设备(声卡)可以把该音频信号播放出来。扬声器仪器的使用方法和麦克风类似。

扬声器图标如图8-6所示,其属性设置对话框如图8-7所示。

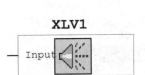

图8-6 扬声器图标

图8-7 【Speaker】属性对话框

在【Speaker】(扬声器)属性对话框中,Device:音频设备,一般选择默认设备;Playback Duration:设置回放时间;Sample Rate:设置采样频率,如果将麦克风仪器和扬声器仪器连接,扬声器使用麦克风录制的数据,则扬声器的频率应和麦克风的频率保持一致,否则,扬声器的频率应设定为输入信号频率的两倍以上。

在仿真运行的过程中,扬声器存储输入的数据,直到仿真时间等于设定的回放时间才停止。停止电路仿真,打开【Speaker】属性对话框,单击【Play Sound】按钮,扬声器开始播放刚才存储的声音信号。

图8-8 信号发生器图标

3. 信号发生器(Signal Generator)

信号发生器能够产生并输出正弦波、三角波、方波或锯齿波。信号发生器图标如图8-8所示,其属性设置对话框如图8-9所示。

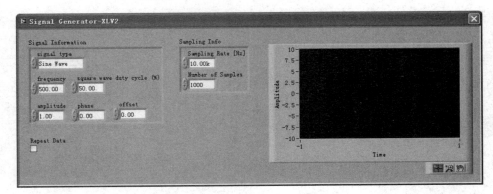

图8-9 【Signal Generator】属性对话框

在如图 8-9 所示的属性设置对话框中,Signal Information:设置输出信号参数,包括信号类型、频率、方波占空比、幅度、相位、偏移等;Sampling Info:设置采样信息,包括采样频率和采样点数;选择【Repeat Data】复选框,可以重复数据输出;右侧是波形输出窗口。

创建如图 8-10 所示的反相加法电路,信号发生器产生的数据输出为电压信号输出,作为电路的信号源,其中 XLV1 选择了【Repeat Data】复选框,XLV2 没有选择【Repeat Data】复选框,用示波器观察输出信号,如图 8-11 所示。由于 XLV2 没有选择【Repeat Data】复选框,输出经过一段时间后就没有电压输出了,所以输出波形的幅度变小了。

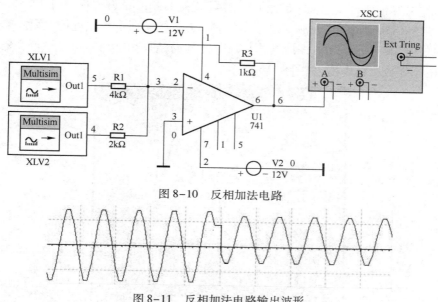

图 8-10　反相加法电路

图 8-11　反相加法电路输出波形

4. 信号分析仪(Signal Analyzer)

信号分析仪能够实时地显示输入信号并对其进行自动功率谱分析和均值计算,信号分析仪图标如图 8-12 所示,其属性设置对话框如图 8-13 所示。

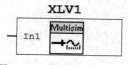

图 8-12　信号分析仪图标

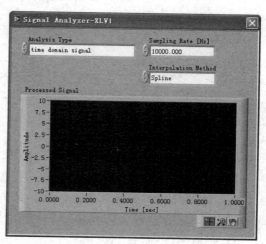

图 8-13　【Signal Analyzer】属性对话框

在如图 8-13 所示的属性设置对话框中，Analysis Type：设置信号分析的类型；Sampling Rate：设置采样频度，必须设置为输入信号频率的两倍以上；下方是波形输出窗口。

5．声音录放电路仿真

声音录放电路是用麦克风作为信号的输入设备，利用计算机的声卡记录语音信息，记录完成后用扬声器通过计算机的声卡输出之前所记录的语音信息，在麦克风和扬声器之间增加了一个音频滤波电路进行滤波。

利用电路向导创建音频滤波电路，执行菜单【工具】→【Circuit Wizards】→【Filter Wizard】命令，弹出如图 8-14 所示的【滤波器向导】对话框，并按图中所示参数进行设置。单击【验证】按钮，软件进行计算，然后单击【编译电路】按钮，计算的结果在电路窗口显示。在输入端放置麦克风，在输出端放置扬声器，如图 8-15 所示。

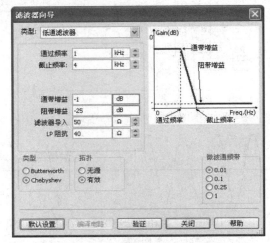

图 8-14 【滤波器向导】对话框

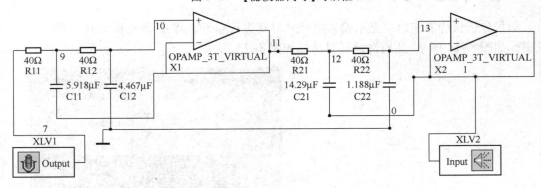

图 8-15 声音录放电路

打开【Microphone】（麦克风）属性对话框，设置采样频率和录音时间；打开【Speaker】（扬声器）属性对话框，设置采样频率和播放时间。单击录音按钮【Record Sound】进行录音，然后启动仿真开关进行电路仿真。仿真停止后，单击【Speaker】对话框中的播放声音按钮【Play Sound】进行录制声音的播放。

二、项目基本知识

知识点一　　LabVIEW 虚拟仪器

LabVIEW 软件的应用程序即虚拟仪器,它包括 3 个部分:前面板、程序框图和图标/连线板。

1. 前面板

前面板相当于传统电子仪器的面板,即虚拟仪器的人机界面,借助于计算机的显示屏实现。LabVIEW 提供众多输入控件和显示控件用于创建仪器的面板,输入控件是指旋钮、按钮和转盘等输入装置。显示控件是指图形、指示灯等输出显示装置。前面板和控件选板如图 8-16 所示。

2. 程序框图

创建前面板后,便可使用图形化的函数添加源代码来控制前面板上的对象。程序框图是图形化源代码的集合,图形化源代码又称 G 代码或程序框图代码。前面板上的对象在程序框图中显示为接线端,程序框图中的图形化源代码等同于传统电子仪器的内部电子电路。程序框图和函数选板如图 8-17 所示。

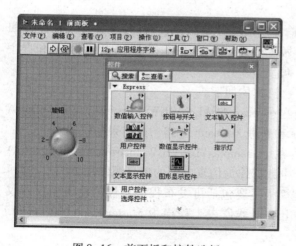

图 8-16　前面板和控件选板

图 8-17　程序框图和函数选板

3. 图标/连线板

图标是 VI 的图形化表示,每个 VI 都显示为一个图标,位于前面板和程序框图窗口的右上角,如图标所示。创建 VI 的前面板和程序框图后,要创建图标和连线板,将 VI 作为子 VI,以便调用。

如需使用子 VI,还需要创建连线板,连线板用于显示 VI 中所有输入控件和显示控件接线端,类似于文本编程语言中调用函数时使用的参数列表。

知识点二　创建虚拟仪器

Multisim 和 LabVIEW 进行了完美的结合,使用 Multisim 可以通过运用仿真数据来提高测试能力,而这些实际的数据则是由 LabVIEW 采集的,作为虚拟电路测试时的数据来源。还可以运用 LabVIEW 来实现自定义的虚拟仪器,并将这些仪器用在 Multisim 环境中。

1. Multisim 的两种 LabVIEW 仪器

在 LabVIEW 编程环境下,可以创建两种虚拟仪器。

(1) 建立一个利用 LabVIEW 控制数据采集设备的数据采集器,Multisim 利用采集的数据作为仿真电路的信号源,对电路进行仿真分析,这种仪器称为输出型仪器。

(2) 实时显示仿真结果数据及其处理数据,如对仿真某点电位波形显示时,对电路输出信号进行求均值、功率谱分析等,这种仪器称为输入型仪器。

2. Multisim 环境下的 LabVIEW 虚拟仪器

Multisim 提供的 LabVIEW 虚拟仪器实例有 4 种:麦克风、扬声器、信号发生器和信号分析仪。除此之外,还可以在 LabVIEW 中创建虚拟仪器。在 LabVIEW 中设计 Multisim 软件所需仪器的基本组件是 VI 模板(文件后缀名为. vit),这个 VI 模板作为虚拟仪器的虚拟模板,负责与 Multisim 进行数据通信。

Multisim 虚拟仪器模板具有仪器的输入、输出功能。开始制作仪器前,应具备工程模板和编程模板:工程模板是为了最终生成虚拟仪器做一些必要的设置;编程模板包括前面板和程序框图,用来协调 Multisim 的数据通信和处理数据。

这些模板可以在 Multisim 安装目录下面获得,具体如下。

(1) 输入型仪器模板(Iuput Templates):在 ··· \ samples \ LabVIEW Instruments \ Templates \ Input 目录下,利用这些文件仪器可以创建显示和处理 Multisim 电路仿真结果的仪器。

(2) 输出型仪器模板(Output Templates):在 ··· \ samples \ LabVIEW Instruments \ Templates \ Output 目录下,利用这些文件仪器可以创建产生数据作为仿真电路的信号源使用。

(3) 工程模板(The Starter Projects):工程模板主要包括可发布程序特性的输入型仪器仪表工程模板 StarterInputInstrument. lvproj 和输出型仪器仪表工程模板 StarterOutputInstrument. lvproj 两种。

3. 创建电压范围监测器

在 LabVIEW8. 5 中,创建输入型仪器和输出型仪器的方法和过程相似,下面创建一个输出电压范围监测器,该仪器是一个输入型仪器,具有波形实时显示和范围报警的功能,其创建步骤如表 8-2 所示。

表 8-2　输出电压范围监测器的创建步骤

步骤	使用步骤	操作界面图
(1)	复制 Multisim 10 安装目录下…\ samples \ LabVIEW Instruments \ Templates\ Input 子目录到一个新目录（D:\temp），重新命名 D:\temp\Input 为 D:\temp\In Range，重新命名该子目录下文件 D:\temp\In Range\StarterInputInstrumentV2. lvproj 为 In Range. lvproj，如图 8-18 所示	 图 8-18　文件复制与命名
(2)	双击 LabVIEW 工程文件 D:\temp\ In Range \ In Range. lvproj，打开 LabVIEW 项目浏览器，如图 8-19 所示；或者启动 LabVIEW，执行菜单【文件】→【打开】命令，然后在弹出的对话框中选择工程文件	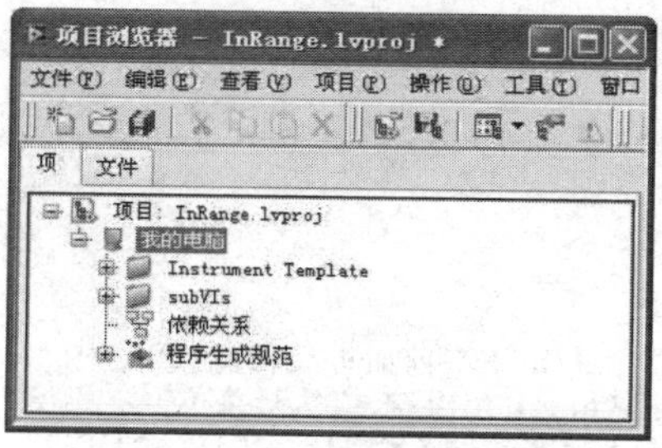 图 8-19　打开工程文件
(3)	在 LabVIEW 项目浏览器，执行菜单【文件】→【打开】命令，选择文件 D:\temp\In Range\ StarterInputInstrumentV2，选择 In Range V2. vit 模板文件，打开此项目模板文件，如图 8-20 所示	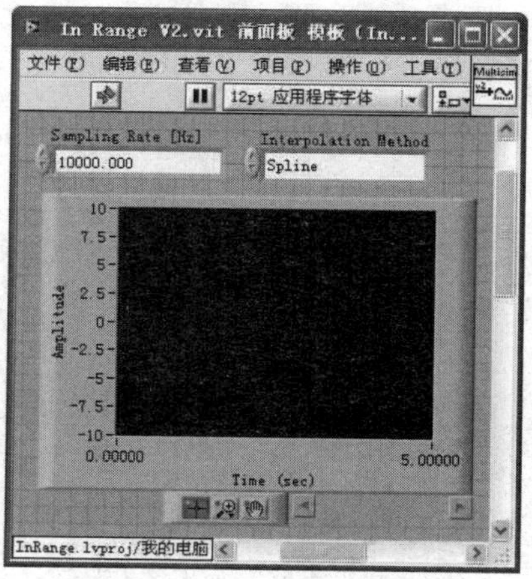 图8-20　打开 LabVIEW 工程管理窗口

步骤	使 用 步 骤	操作界面图
(4)	在上一步中选择 In Range V2_mul-tisimInformation. vi,打开 LabVIEW 前面板编辑窗口,如图 8-21 所示	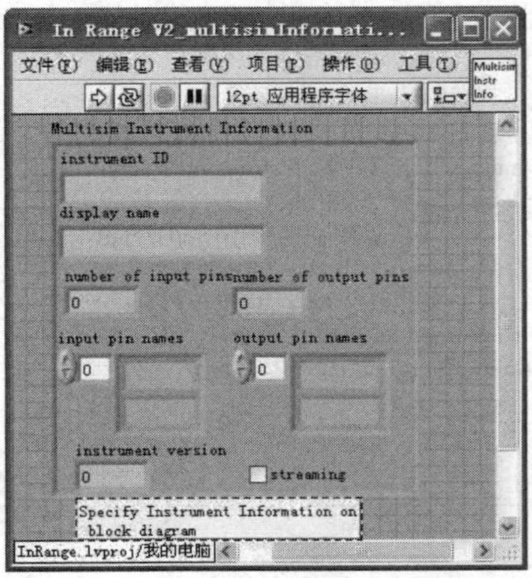 图 8-21　LabVIEW 前面板编辑窗口
(5)	在 LabVIEW 前面板编辑窗口中,按 Ctrl + E 组合键,或执行菜单【窗口】→【显示程序框图】命令,打开 VI 的程序框图模板,按以下内容改变属性,如图 8-22 所示。 instrument ID = InRange display name = 电压范围监视器 number of input pins = 1 input pin names = In	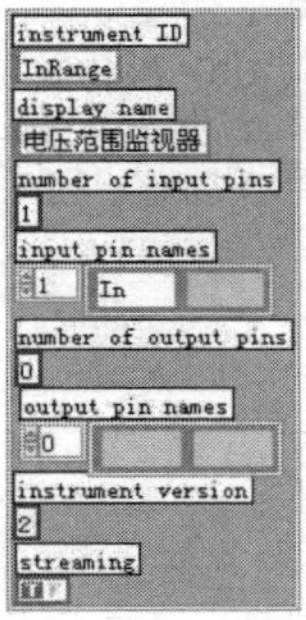 图 8-22　程序框图模板
(6)	在前面板窗口中单击鼠标右键,从数值控件组中添加"水平指针滑动条",并命名为"上限",用同样的方法放置"下限"水平指针滑动条;从布尔控件组中,选择"方形指示灯",并命名为"超限报警",如图 8-23 所示	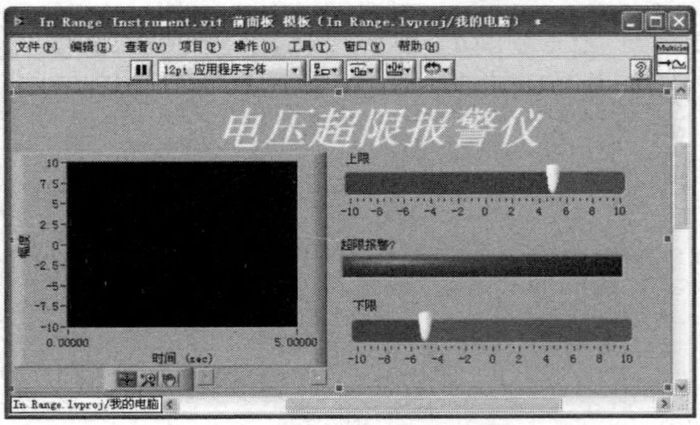 图 8-23　添加滑动条和指示灯

续表

步骤	使 用 步 骤	操作界面图
(7)	执行菜单【窗口】→【显示程序框图】命令,切换到程序框图窗口,如图 8-24 所示,在底层循环中,加入下面的语言图形代码。 　　(1)扩大 case 结构,在仪器输入端放置"索引数组"。 　　(2)放置"获取波形成分",放置函数"判定范围并强制转换",连接上、下限端。 　　(3)放置"索引数组"并连接"超限报警"端。	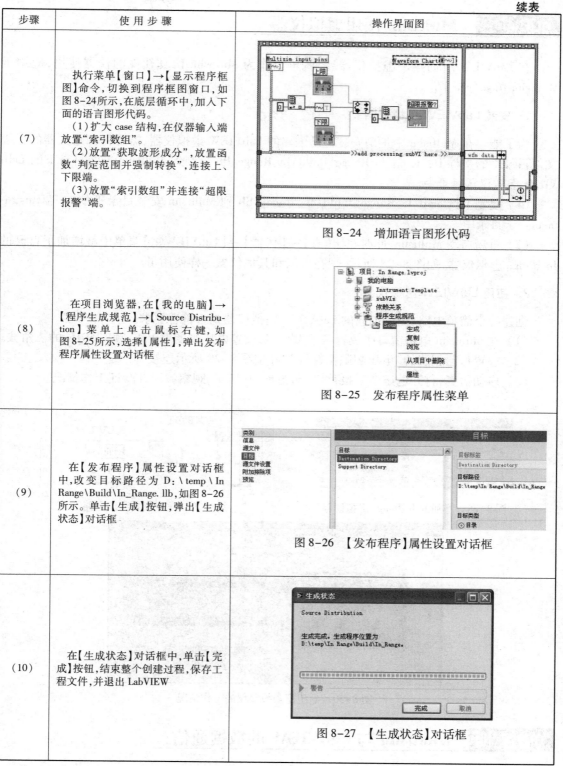 图 8-24　增加语言图形代码
(8)	在项目浏览器,在【我的电脑】→【程序生成规范】→【Source Distribution】菜单上单击鼠标右键,如图 8-25 所示,选择【属性】,弹出发布程序属性设置对话框	图 8-25　发布程序属性菜单
(9)	在【发布程序】属性设置对话框中,改变目标路径为 D:\temp\In Range\Build\In_Range.llb,如图 8-26所示。单击【生成】按钮,弹出【生成状态】对话框	图 8-26　【发布程序】属性设置对话框
(10)	在【生成状态】对话框中,单击【完成】按钮,结束整个创建过程,保存工程文件,并退出 LabVIEW	图 8-27　【生成状态】对话框

知识点三 Multisim 使用虚拟仪器

在 LabVIEW 中创建了虚拟仪器后,就可以作为 Multisim 仿真软件的仪器使用,应用于 Multisim 仿真分析了。

1．安装 LabVIEW 虚拟仪器

为了能够在 Multisim 中正确安装自己创建的 LabVIEW 虚拟仪器,需要将创建仪器的工程文件目录下的文件 D:\temp\In Range\Build\In_Range. llb 复制到 Multisim 安装目录下的 LabVIEW 虚拟仪器目录中。

（1）复制 D:\temp\In Range\Build\In_Range. llb 到 Multisim 安装目录下的"…\lvinstruments"子目录中。

（2）重新启动 Multisim,此时在【仿真】→【仪器】→【LabVIEW@】菜单中就增加了自己的 In Range 虚拟仪器,如图 8-28 所示,现在可以和其他仪器一样使用了。

2．使用 LabVIEW 虚拟仪器

创建一个简单电路,测试创建的 LabVIEW 虚拟仪器是否符合要求。

（1）在 Multisim 电路窗口中放置函数发生器,设置电压幅度 10Vpp,频率 50Hz 的三角波。

（2）放置自己创建的"电压超限报警仪",并按图 8-29 所示连接。

（3）启动仿真,打开电压超限报警仪,如图 8-30 所示,观察波形并验证工作情况。

图 8-28 增加的 In Range 虚拟仪器

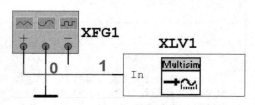

图 8-29 虚拟仪器测试电路

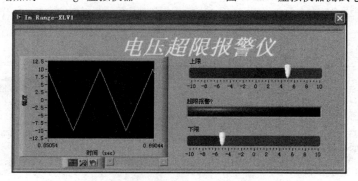

图 8-30 电压超限报警仪的工作情况

知识点四 Multisim 与 LabVIEW 的数据通信

在 Multisim 中除了可以利用 LabVIEW 创建虚拟仪器,还可以和 LabVIEW 进行数据通信。

1. LabVIEW 虚拟仪器产生的数据传送到 Multisim 仿真电路

Multisim 集成了获得 LabVIEW 虚拟仪器数据的元件,在仿真电路中,要从 LabVIEW 虚拟仪器获得数据,可以用 Multisim LVM 信号源。Multisim LVM 信号源包括电压信号源(LVM_VOLTAGE)和电流信号源(LVM_CURRENT)两类,其符号如图 8-31 所示。两种信号源的使用方法类似,下面以电压信号源为例,介绍其获得 LabVIEW 虚拟仪器数据的方法。

(1)按如图 8-32 所示电路将电压信号源和示波器连接。

(2)双击电压信号源图标,弹出 LVM 电压信号源属性对话框,如图 8-33 所示。在【参数】选项卡的【文件名】中,单击【浏览】按钮加载 LabVIEW 虚拟仪器数据文件;选择【重复】复选框,可以使数据文件重复加载。

(3)启动仿真,打开示波器观察加载的数据文件的波形,并可以进行仿真分析。

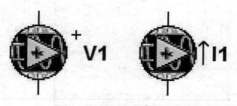
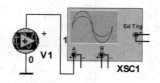

图 8-31　Multisim LVM 信号源的符号　　　图 8-32　电压信号源电路

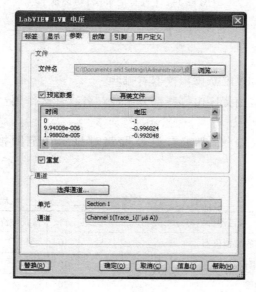

图 8-33　LVM 电压信号源属性对话框

2. Multisim 仿真电路结果输出到 LabVIEW 虚拟仪器

在 Multisim 中,可以将仿真结果保存为其他数据格式文件,lvm 格式的文件则可以被 LabVIEW 虚拟仪器所调用。Multisim 仿真电路结果保存为 LabVIEW 虚拟仪器文件的方法有两种:示波器数据和图形窗口数据。

(1)示波器数据。在示波器窗口中,单击【保存】按钮,在弹出的【保存波形数据】对话框中选择保存路径、文件名和文件类型,文件类型选择 lvm 格式,在 LabVIEW 中就可以调用此文件了。

（2）图形窗口数据。在 Multisim 中,对电路进行仿真或选择电路分析方法后,在标准工具栏中单击【记录仪】,则会弹出如图 8-34 所示的【查看记录仪】对话框。在【查看记录仪】对话框中,执行菜单【文件】→【另存为】命令,弹出【另存为】对话框,将文件保存为 lvm 格式,在 LabVIEW 中就可以调用此文件了。

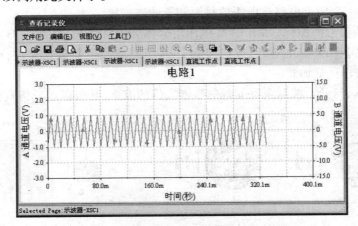

图 8-34 【查看记录仪】对话框

项目学习评价

一、思考练习题

1. Multisim 提供的 LabVIEW 虚拟仪器有哪些?

2. LabVIEW 软件的应用程序由哪些部分组成? 各有什么作用?

二、技能训练题

设计一个电压超限报警仪,要求具有波形实时显示和范围报警的功能,报警电压为 ±10V。

三、技能评价评分表

班级:_____　　　　　　姓名:_____　　　　　成绩:_____

评价项目	项目评价内容	分值	自我评价	小组评价	教师评价	得分
理论知识	① 了解 Multisim 提供的虚拟仪器	10				
	② 了解 LabVIEW 虚拟仪器的构成	10				
实操技能	① 声音录放电路的仿真	20				
	② 虚拟仪器的创建	20				
	③ 虚拟仪器的使用	20				
学习态度	① 出勤情况	6				
	② 课堂纪律	6				
	③ 按时完成作业	8				

项目九

交通灯电路仿真

项目情境创设

    PLC(Programmable Logic Controller,可编程序控制器)是一种进行数字运算的电子系统,是专为在工业环境下的应用而设计的工业控制器,它采用了可以编程序的存储器,用来在其内部执行逻辑运算、顺序控制、定时、计算和算术运算等操作指令,并通过数字或模拟式的输入和输出控制各种类型机械的生产过程。目前,PLC 已在工业控制各个领域中得到了广泛的应用。Multisim 10 教育版中新增了梯形图(Ladder Diagrams,LAD)仿真功能,为 PLC 的实验教学提供了一条崭新的、有效的途径。

项目学习目标

	学 习 目 标	学 习 方 式	学　时
技能目标	① 掌握梯形图的简单编程; ② 了解交通灯的仿真方法	教师操作演示,指导学生实际制作	4 课时
知识目标	① 了解梯形图; ② 掌握梯形图的基本逻辑; ③ 了解梯形图中的编程元素	教师讲授 重点:简单梯形图的编程	2 课时

项目基本功

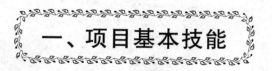

一、项目基本技能

任务一　　两地控制一灯

    生活中,在两层楼楼梯口的照明灯一般由两个开关控制,在楼下开了灯,人上楼后,在楼上关灯。这个例子实际上有一个逻辑运算问题,即两个输入量去控制一个输出量,逻辑关系要求:若输出为正,两个输入中的任意一个可控制其输出为负;或者相反,若输出为负,两个输入中的任意一个可控制其输出为正。

两地控制一灯,其梯形图编程及仿真电路如图9-1所示,其操作步骤如表9-1所示。

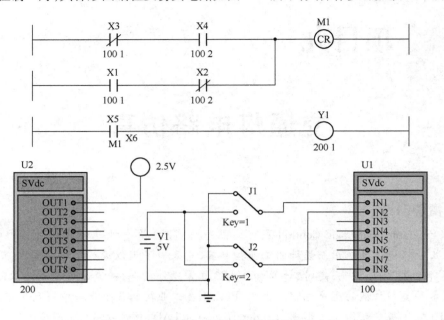

图9-1　两地控制一灯梯形图编程及仿真电路

表9-1　两地控制一灯梯形图编程及仿真电路操作步骤

步骤	操 作 过 程	操 作 界 面 图
(1)	单击梯形图工具栏的放置梯线工具▤,在电路窗口放置3条梯形线,如图9-2所示	图9-2　放置梯形线
(2)	单击梯形图工具栏的放置梯线工具▤,弹出如图9-3所示的【选择元件】对话框,在【系列】中选择输入继电器控制的常开和常闭触点,如图9-3所示	图9-3　【选择元件】对话框

步骤	操作过程	操作界面图
（3）	在【选择元件】对话框的【系列】中选择梯形图触点,放置输入继电器控制的常开和常闭触点各两个,关系继电器线圈控制的常开触点一个,如图9-4所示	
（4）	放置关系继电器线圈M1和输出继电器线圈Y1,如图9-5所示	
（5）	在【选择元件】对话框的【系列】中选择梯形图输入/输出模块,放置可编程序控制输入、输出设备各一个,如图9-6所示	
（6）	修改触点X2、X4的地址设置为1002;在输入设备处放置两个双刀双掷开关,修改其控制键为1和2;在输出设备处放置一个批示灯;连接成如图9-7所示电路	

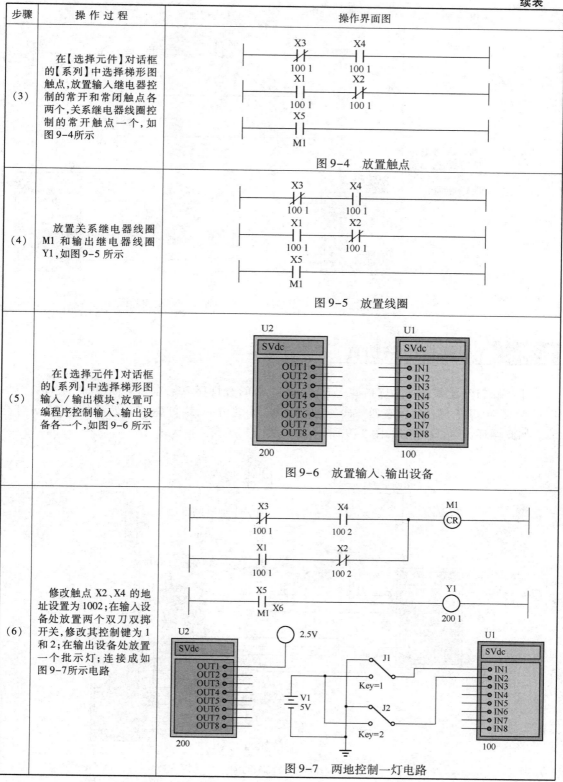

图9-4 放置触点

图9-5 放置线圈

图9-6 放置输入、输出设备

图9-7 两地控制一灯电路

续表

步骤	操作过程	操作界面图
(7)	按下 1 和 2 键,改变开关 J1 和 J2 的状态,验证控制功能,如图 9-8 所示为 J2 闭合,灯亮的状态	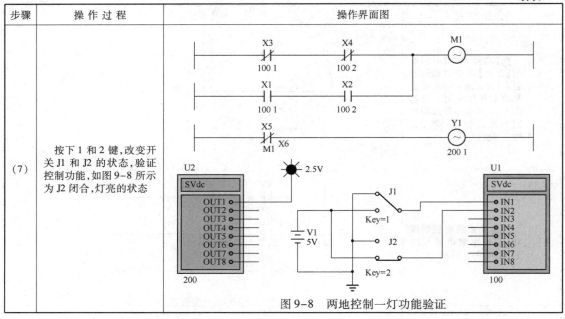 图 9-8 两地控制一灯功能验证

任务二 交通灯电路仿真

十字路口经常采用红绿灯指挥交通,如南北方向,红灯亮 20s,东西方向,绿灯亮 15s,然后绿灯熄灭,黄灯亮 5s;然后,东西方向,红灯亮 20s,南北方向,绿灯亮 15s,然后灯熄灭,黄灯亮 5s。如此循环,其仿真电路如图 9-9 所示。

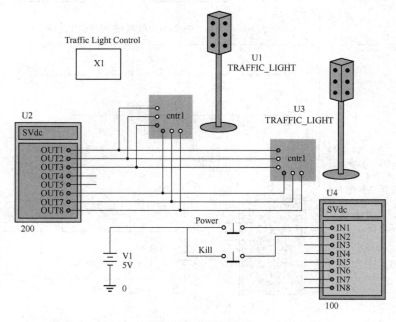

图 9-9 交通灯电路

交通灯电路的梯形图如图 9-10 所示。

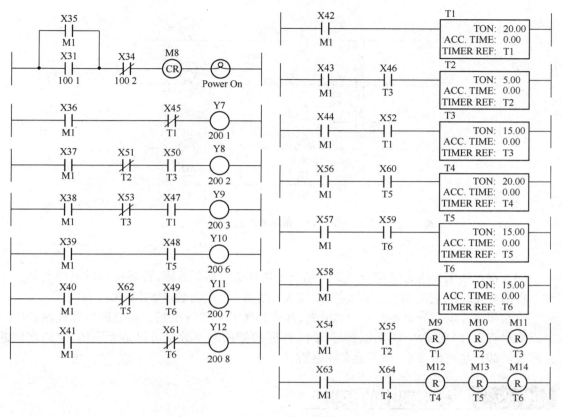

图 9-10 交通灯电路的梯形图

二、项目基本知识

知识点一 梯形图语言概述

操作 PLC 的编程语言有多种,最常用的有顺序功能图、梯形图、语句表、功能块图等,而梯形图是在原继电器—接触器控制系统中的继电器梯形图基础上演变而来的一种图形语言,所以易学易懂易用,是目前应用最多、最普遍的一种 PLC 编程语言。

如图 9-11 所示是最基本的梯形图形式,梯形图语言中最为基础的编程语句如下。

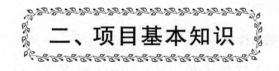

(1)梯形图编程语言中符号 $\dfrac{X1}{M1}$,相当于物理继电器的常开触点。继电器触点为常开,即线圈不通电,触点不动作,保持断开;线圈通电,触点动作,触点由断开变为闭合。

(2)梯形图编程语言中符号 $\dfrac{X1}{M1}$,相当于物理继电器的常闭触点。继电器触点为常闭,即线圈不通电,触点不动作,保持闭合;线圈通电,触点动作,触点由闭合变为断开。

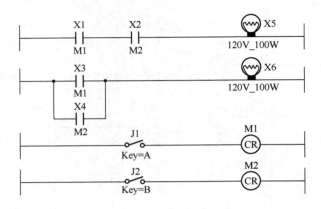

图 9-11 最基本的梯形图

（3）梯形图编程语言中符号 $\overset{M1}{\underset{}{\text{CR}}}$,相当于物理继电器的线圈,线圈控制继电器的触点动作。在图 9-11 中,线圈 M1 控制触点 X1 和 X3,线圈 M2 控制触点 X2 和 X4。

可编程序控制器只是概念上的继电器,并非真实的物理继电器。物理继电器线圈控制的触点数目有限,而在图 9-11 所示梯形图中,线圈控制的触点数目可以是无限的,它们之间的连线表示的只是逻辑关系,而不是实际电路。

知识点二　梯形图中的逻辑

运用继电器触点的串联、并联等连接可以实现逻辑与、或、非等功能,完成较复杂的逻辑运算,其中与、或是最常用的逻辑。

1. 灯 X5 由逻辑与触点控制

在图 9-11 中,要使 X5 灯亮,必须同时闭合触点 X1 和 X2,X1、X2 触点处在"与"逻辑状态。

2. 灯 X6 由逻辑或触点控制

在图 9-11 中,要使 X6 灯亮,只须闭合触点 X3 和 X4 中的任意一个,X3、X4 触点处在"或"逻辑状态。

复杂的逻辑控制都可以用与逻辑和或逻辑来完成。

知识点三　梯形图中的编程元素

梯形图语言编程时,最常用的语句可分为两类:一类类似于继电器触点;另一类类似于继电器线圈。表 9-2 是常用的梯形图中的编程元素。

表 9-2　梯形图中的编程元素

名　　称	图　　形	介　　绍
梯级	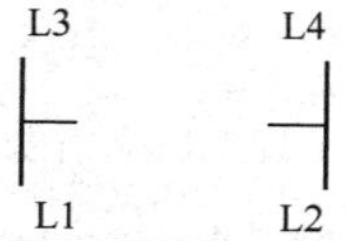 L3　　　　　L4 ⊢　　　　　⊣ L1　　　　　L2	L1、L3 是梯级的开始，而 L2、L4 是梯级的结束。需要通过两者间的连接来激活或导通它们之间的触点或线圈
PLC 输入设备	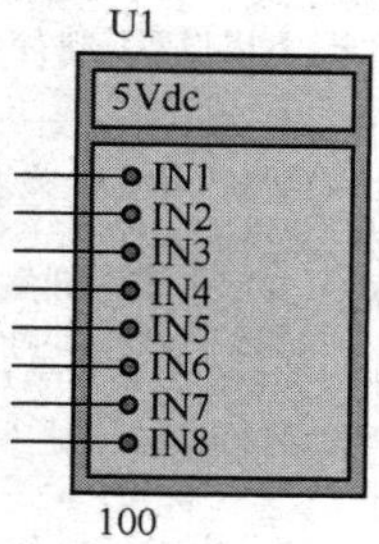 U1 5Vdc IN1 IN2 IN3 IN4 IN5 IN6 IN7 IN8 100	在工程中是一个物理实体，PLC 俗称工业计算机，输入设备就相当于计算机的键盘等，接入的是电源开启、关闭、生产的运营等开关，以及生产线的上端生产过程完成后要启动下端生产线的信息输入等。 PLC 输入设备也可称为"输入继电器组"，如图所示。为了使用它，必须对"输入继电器组"设置地址。"输入继电器组"地址默认值为 100，地址为 100 的"输入继电器组"中有 8 个完全相同的继电器。对每个继电器还必须编号，若信号是从"输入继电器组"的 IN1 输入，则其地址应为 1001，如信号从"输入继电器组"的 IN4 输入，则其地址为 1004，以此类推。要设置"输入继电器组"地址，只要双击该设备，在其属性对话框中，选择【参数】选项卡，在【Input Module Base Address】文本框中输入 100 即可。 PLC 输入设备分为 240Vdc、120Vdc、30Vdc、24Vdc、12Vdc、9Vdc、5Vdc 等直流电压类型
PLC 输出设备	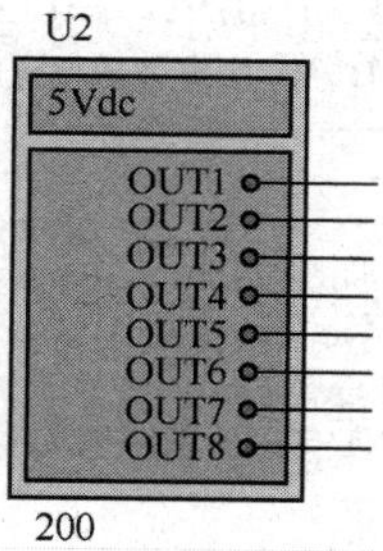 U2 5Vdc OUT1 OUT2 OUT3 OUT4 OUT5 OUT6 OUT7 OUT8 200	PLC 输出设备在仿真时用于控制外部对象，如电动机、变频器、开关等。 "输入继电器组"地址默认值为 200，其地址设置与 PLC 输入设备设置相同。 可编程序控制器输出设备分为 240Vdc、120Vdc、30Vdc、24Vdc、12Vdc、9Vdc、5Vdc 等直流电压类型，也有 240Vrms、120Vrms、24Vrms、12Vrms 等交流电压类型
输入继电器线圈控制的常闭触点	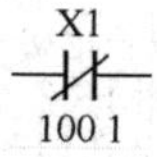 X1 ⊣∤⊢ 100 1	该符号代表的是输入继电器线圈控制常闭触点。在使用 PLC 过程中，把 PLC 当做许多继电器的集合来处理。为了使用它们，每一个继电器都必须有自己的命名，即设置地址。要对输入继电器线圈控制的常闭触点设置地址，只要双击该设备，系统弹出属性对话框，选择【参数】选项卡，在【Input Module Base Address】文本框中输入 100，在【Input Number】文本框中输入 1，这相当于指定了这个常闭触点是由 PLC 输入继电器中的 1001 线圈控制。选择【标签】选项卡，可以设置该常闭触点的序号
输入继电器线圈控制的常开触点	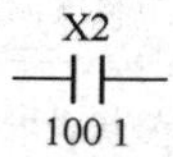 X2 ⊣⊢ 100 1	该符号代表的是输入继电器线圈控制的常开触点。要对输入继电器线圈控制的常开触点设置地址，只要双击该设备，系统弹出属性对话框，选择【参数】选项卡，在【Input Module Base Address】文本框中输入 100，在【Input Number】文本框中输入 1，这相当于指定了这个常开触点是由 PLC 输入继电器中的 1001 线圈控制。选择【标签】选项卡，可以设置该常开触点的序号

续表

名　　称	图　　形	介　　绍
关系继电器线圈控制的常闭触点	X3 ⊣/⊢ M1	可编程序控制器中还有许多关系(中间)继电器做逻辑运算等用。该符号代表的是关系继电器线圈控制的常闭触点。 要设置由哪一个关系继电器线圈来控制这个常闭触点，只要双击该常闭触点，系统弹出属性对话框，选择【参数】选项卡，在【Controlling Device Reference】文本框中输入 M1，这相当于指定了这个常闭触点是由 M1 这个关系继电器线圈控制的。M 的序号根据程序安排来确定，M1 代表关系继电器线圈的地址。选择【标签】选项卡，可以设置该常闭触点的序号
关系继电器线圈控制的常开触点	X4 ⊣⊢ M1	该符号代表的是关系继电器线圈控制的常开触点。要设置由哪一个关系继电器线圈来控制这个常开触点，只要双击该常开触点，系统弹出属性对话框，选择【参数】选项卡，在【Controlling Device Reference】文本框中输入 M1，这相当于指定了这个常开触点是由 M1 这个关系继电器线圈控制的
正逻辑关系继电器线圈	M1 —(CR)—	该符号代表可编程序控制器正逻辑关系继电器线圈。正逻辑关系继电器线圈一旦被激活，与它有关联的关系触点都会改变状态，常开的触点变成闭合，常闭的触点变成断开。双击该线圈，系统弹出属性对话框，选择【参数】选项卡，在【Coil Reference】文本框中输入 M1，M1 代表关系继电器线圈的地址
负逻辑关系继电器线圈	M2 —(/CR)—	该符号代表可编程序控制器负逻辑关系继电器线圈。与正逻辑关系继电器线圈正好相反，负逻辑关系继电器线圈一旦被激活，与它有关联的关系触点都不改变状态。双击该线圈，系统弹出属性对话框，选择【参数】选项卡，在【Coil Reference】文本框中输入 M1，M1 代表关系继电器线圈的地址
脉冲继电器线圈	M3 —(P)—	该符号代表可编程序控制器正极型脉冲继电器线圈。脉冲继电器线圈在脉冲到来的脉冲宽度时间内，控制与它有关联的关系触点改变状态，常开的触点变成闭合，常闭的触点变成断开。当脉冲宽度时间过后，与它有关联的关系触点变回原来的状态。双击该线圈，系统弹出属性对话框，选择【参数】选项卡，在【Coil Reference】文本框中输入 M3，M3 代表脉冲继电器线圈的地址。在【Pulse Duration】文本框中输入脉冲宽度，系统默认为 100ms
复位继电器线圈	M4 —(R)—	该符号代表可编程序控制器复位继电器线圈。它是非锁存型继电器线圈，用来复位定时器、计数器和设置线圈。当复位继电器线圈得电时，其控制的触点立即断开。双击该线圈，系统弹出属性对话框，选择【参数】选项卡，在【Coil Reference】文本框中输入 M1，M1 代表复位继电器线圈的地址
锁存继电器线圈	M1 —(S)—	该符号代表可编程序控制器锁存继电器线圈。当锁存继电器线圈得电时，其控制的触点闭合。双击该线圈，系统弹出属性对话框，选择【参数】选项卡，在【Coil Reference】文本框中输入 M1，M1 代表锁存继电器线圈的地址

续表

名　　称	图　　形	介　　绍
可预置数的计数满断电型计数器（COUNT_OFF）	**C1** CNT OFF: 5 PRESET: 0 COUNT: 0 CNTR REF: C1	该符号代表可预置数的计数满断电型计数器。它所控制的触点在仿真开始时会闭合，当计数达到设定值时，触点会断开，计数器计数完后不会维持断开状态不变，而是立即自动重置预置数，进入下一轮计数
	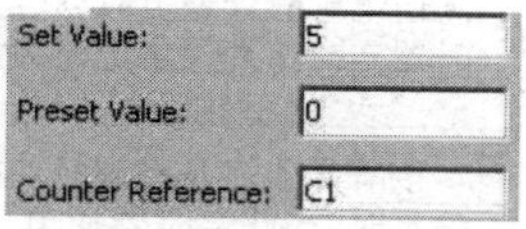 Set Value: 5 Preset Value: 0 Counter Reference: C1	双击该计数器，系统弹出属性对话框，如图所示。Set Value：设置计数器计数完时的值，设定为5，即接受5个脉冲后计数器断电瞬间，接着马上自动重置，开始下一轮计数。Preset Value：计数的预置值。Counter Reference：计数器的参考标号C1，与此计数器有关联的触点也要标上C1
计数满断电保持型计数器（COUNT_OFF_HOLD）	**C2** CNT OFF: 5 PRESET: 0 COUNT: 0 CNTR REF: C2	该符号代表计数满断电保持型计数器。它所控制的触点在仿真开始时闭合，当计数达到设定值时，触点会断开并一直保持断开状态，直到仿真重新开始。其参数设置含义同计数满断电型计数器
计数满断电、重置型计数器（COUNT_OFF_RESET）	**C3** CNT OFF: 5 PRESET: 0 COUNT: 0 CNTR REF: C3	该符号代表计数满断电、重置型计数器。它可以在仿真的任意时刻使用重置线圈重置计数器，而不用考虑计数器当前的状态
可逆、计数满断电型计数器（COUNT_OFF_UPDOWN）	**C4** U　CNT OFF: 5 PRESET: 0 COUNT: 0 D　CNTR REF: C4	该符号代表可逆、计数满断电型计数器。它可以进行加法或减法计数，当计数达到预定值时断电，并保持断电状态一直到计数器又被重置。通过U输入端输入加法计数脉冲，D输入端输入减法计数脉冲
可预置数的计数满通电型计数器（COUNT_ON）	**C5** CNT ON: 5 PRESET: 0 COUNT: 0 CNTR REF: C5	该符号代表可预置数的计数满通电型计数器。它所控制的触点在仿真开始时是断开的，当计数达到设定值时，触点会闭合，计数器计数完后不会维持闭合状态不变，而是立即自动重置预置数，进入下一轮计数
计数满通电保持型计数器（COUNT_ON_HOLD）	**C6** CNT ON: 5 PRESET: 0 COUNT: 0 CNTR REF: C6	该符号代表计数满通电保持型计数器。它所控制的触点在仿真开始的时候断开，当计数达到设定值时，触点闭合，当计数完成时，计数器将一直保持闭合状态，直到仿真重新开始
计数满通电重置型计数器（COUNT_ON_RESET）	**C7** CNT ON: 5 PRESET: 0 COUNT: 0 CNTR REF: C7	该符号代表计数满通电重置型计数器。它所控制的触点在仿真开始的时候断开，当计数达到设定值时，触点会闭合。可以在仿真的任意时刻使用重置线圈重置计数器，而不用考虑计数器当前的状态
可逆、计数满通电型计数器（COUNT_ON_UPDOWN）	**C8** U　CNT ON: 5 PRESET: 0 COUNT: 0 D　CNTR REF: C8	该符号代表可逆、计数满通电型计数器。它可以进行加法或减法计数，当计数达到预定值时通电，并保持通电状态一直到计数器又被重置。通过U输入端输入加法计数脉冲，D输入端输入减法计数脉冲
定时满断电定时器（TIMER_TOFF）	**T1** TOFF: 10.00m ACC. TIME: 10.00m TIMER REF: T1	该符号代表定时满断电定时器。在仿真时，当定时满断电定时器通电，此定时器控制的触点闭合，当定时器定时达到设定值时，触点断开。梯形图中的定时器连接遭到破坏，已完成的定时值不会被记录，一旦工作正常，又从零开始定时

名　称	图　形	介　绍
定时满断电定时器（TIMER_TOFF）	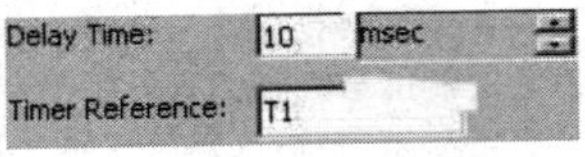 Delay Time: 10 msec Timer Reference: T1	双击该定时器，系统弹出属性对话框，如图所示。Delay Time：设置定时器定时时间，设定为10，则定时时间为10ms。Timer Reference：定时器的参考标号 T1，与此计数器有关联的触点也要标上 T1
定时满通电定时器（TIMER_TON）	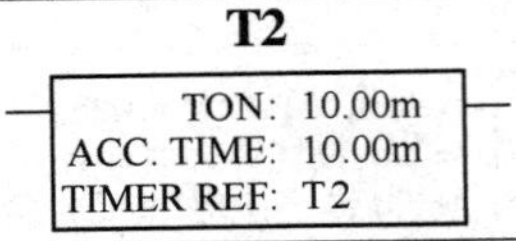 T2 TON: 10.00m ACC. TIME: 10.00m TIMER REF: T2	该符号代表定时满通电定时器。在仿真时，当定时满通电定时器通电时，此定时器控制的触点断开，当定时器定时达到设定值时，触点闭合
具有记忆功能的定时满通电定时器（TIMER_TON_RETENTION）	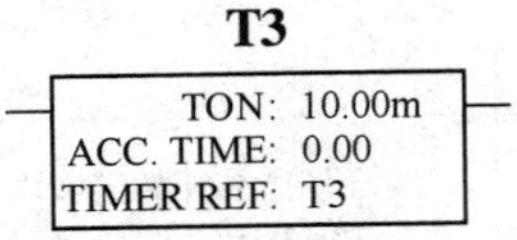 T3 TON: 10.00m ACC. TIME: 0.00 TIMER REF: T3	该符号代表具有记忆功能的定时满通电定时器。在仿真时，当此定时器通电，其控制的触点断开，当定时器定时达到设定值时，触点闭合。定时器具有记忆功能，即当定时器的连接遭到破坏时，已完成的定时值被记录下来，一旦工作正常，定时器继续定时，不是从零开始，而是从被破坏那一刻记录下来的定时值开始
具有记忆保持重置功能的定时满通电定时器（TIMER_TON_RETE-NTION_HOLD_RESET）	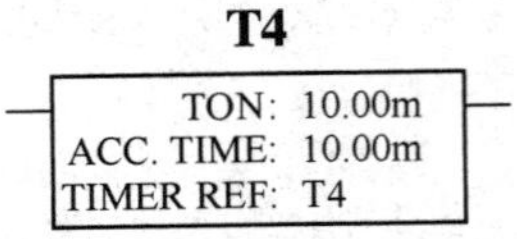 T4 TON: 10.00m ACC. TIME: 10.00m TIMER REF: T4	该符号代表具有记忆保持重置功能的定时满通电定时器。在仿真时，当此定时器通电，其控制的触点断开，一直到定时满这个触点才闭合。具有记忆功能。一旦定时结束，定时器不会自动重置，可由重置线圈在任意时刻重置定时值
具有记忆重置功能的定时满通电定时器（TIMER_TON_RETEN-TION_ RESET）	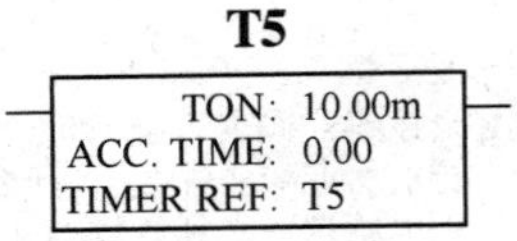 T5 TON: 10.00m ACC. TIME: 0.00 TIMER REF: T5	该符号代表具有记忆重置功能的定时满通电定时器。在仿真时，当此定时器通电时，其控制的触点断开，一直到定时满这个触点才闭合。具有记忆功能。一旦定时结束，定时器就会自动重置，此定时器可由重置线圈在任意时刻重置定时值

项目学习评价

一、思考练习题

1. PLC 的编程语言有哪些？梯形图中最基础的编程语句有哪些？

2. 怎样用触点实现与、或逻辑？

二、技能训练题

设计一个三地控制一灯电路并仿真。

三、技能评价评分表

班级：_____　　姓名：_____　　成绩：_____

评价项目	项目评价内容	分值	自我评价	小组评价	教师评价	得分
理论知识	① 了解梯形图的基本知识	15				
	② 掌握梯形图的基本逻辑	15				
	③ 了解梯形图的编程元素	10				
实操技能	① 掌握梯形图的简单编程	25				
	② 了解交通灯的仿真方法	15				
学习态度	① 出勤情况	6				
	② 课堂纪律	6				
	③ 按时完成作业	8				

项目十

单片机电路仿真

项目情境创设

随着科技的发展,单片机渗透到我们生活的各个领域,很多电子产品中都包含单片机,如家用电器、电子玩具、数字钟等。复杂的工业控制更是离不开单片机,因此,单片机的学习、开发与应用显得尤为重要。

项目学习目标

学 习 目 标		学 习 方 式	学 时
技能目标	① 掌握单片机仿真电路的建立; ② 掌握程序的编译; ③ 掌握单片机的仿真调试	学生实际操作,教师指导、答疑	4 课时
知识目标	① 理解数码管动态扫描; ② 理解总线及其绘制	教师讲授 重点:总线及其绘制	2 课时

项目基本功

一、项目基本技能

任务一　跑马灯电路仿真

MultiMCU 是 Multisim 10 的一个嵌入组件,可以支持对微控制器(MCU)的仿真。MultiMCU 提供了 8051、8052、PIC16F84 和 PIC16F84A 单片机及数据存储器、程序存储器模块,另外还有键盘、数码管、液晶显示器等外围设备,利用这些元件可以灵活构成各种电子系统,在程序的控制下完成智能控制。

1. 单片机仿真电路的建立

单片机仿真电路的建立步骤如表 10-1 所示。

Multisim 10 电路仿真技术应用

表 10-1 单片机仿真电路的建立步骤

步骤	操 作 过 程	操作界面图
(1)	单击元件工具栏 🔲，或者执行菜单【放置】→【Component】命令，在【选择元件】对话框左侧的【组】栏中选择 MCU Module，【系列】栏中选择805x，在中间的【元件】栏中选择 8051，如图 10-1所示	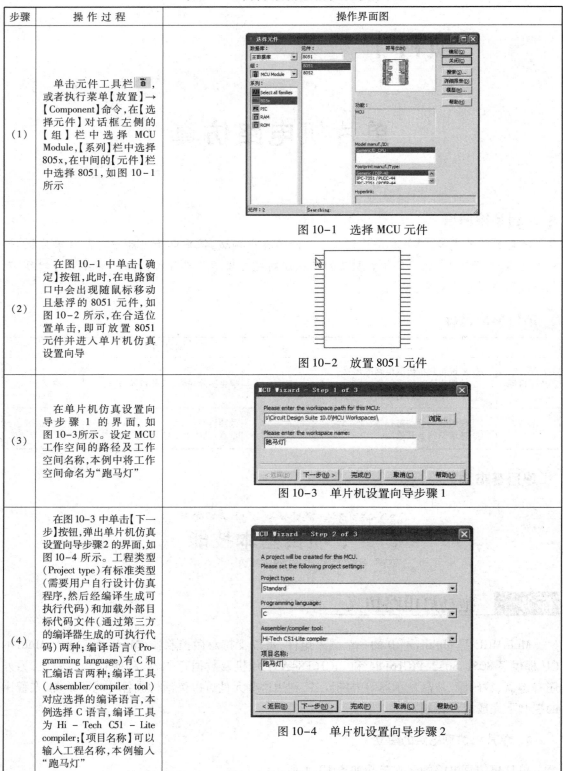图 10-1　选择 MCU 元件
(2)	在图 10-1 中单击【确定】按钮，此时，在电路窗口中会出现随鼠标移动且悬浮的 8051 元件，如图 10-2 所示，在合适位置单击，即可放置 8051 元件并进入单片机仿真设置向导	图 10-2　放置 8051 元件
(3)	在单片机仿真设置向导步骤 1 的界面，如图 10-3所示。设定 MCU 工作空间的路径及工作空间名称，本例中将工作空间命名为"跑马灯"	图 10-3　单片机设置向导步骤 1
(4)	在图 10-3 中单击【下一步】按钮，弹出单片机仿真设置向导步骤2 的界面，如图 10-4 所示。工程类型（Project type）有标准类型（需要用户自行设计仿真程序，然后经编译生成可执行代码）和加载外部目标代码文件（通过第三方的编译器生成的可执行代码）两种；编译语言（Programming language）有 C 和汇编语言两种；编译工具（Assembler/compiler tool）对应选择的编译语言，本例选择 C 语言，编译工具为 Hi－Tech C51－Lite compiler；【项目名称】可以输入工程名称，本例输入"跑马灯"	图 10-4　单片机设置向导步骤 2

步骤	操作过程	操作界面图
(5)	在图10-4中单击【下一步】按钮,弹出单片机仿真设置向导步骤3的界面,如图10-5所示。在图10-4所示对话框中选择了"标准"工程类型,则这里需要选择【Add source file】,为工程添加一个源文件,并在下面输入源文件的文件名;而如果选择了"加载外部目标代码文件"工程类型,则这里选择【Create empty project】(创建空项目)。单击【完成】按钮,完成8051元件的放置和设置	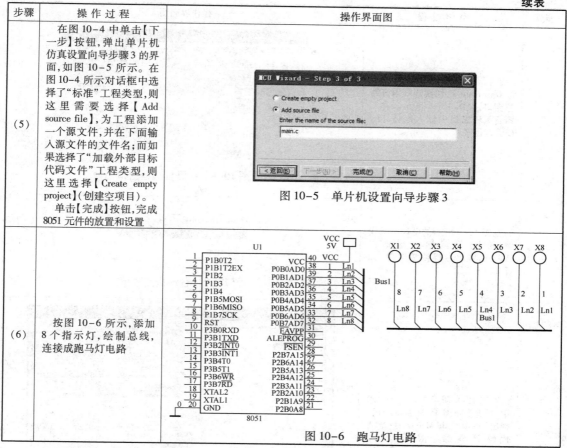 图10-5 单片机设置向导步骤3
(6)	按图10-6所示,添加8个指示灯,绘制总线,连接成跑马灯电路	图10-6 跑马灯电路

2. 编程语言及编译连接

MultiMCU 中的 805x 系列和 PIC 系列单片机均支持汇编语言和 C 语言,同时内嵌了汇编器及 Hi - Tech 的 C 语言编译连接器,利用 MultiMCU 可以方便地进行单片机汇编语言和 C 语言的开发。MultiMCU 同时支持第三方的编译器,可以在第三方的编译器中进行编译连接,完成后,将生成的可执行代码(∗. hex)文件直接导入 MultiMCU 中,也可以进行仿真。使用 C 语言编程及编译的步骤如表10-2 所示。

表10-2 C 语言编程及编译的步骤

步骤	操作过程	操作界面图
(1)	在左侧的【设计工具箱】中,展开"跑马灯"的工作空间和项目,出现"main.c"文件,如图10-7所示	图10-7 设计工具箱列表

续表

步骤	操 作 过 程	操 作 界 面 图
(2)	双击 main.c,切换到 C 语言编程窗口,如图 10-8 所示。在 C 语言编程窗口中输入跑马灯的 C 语言程序	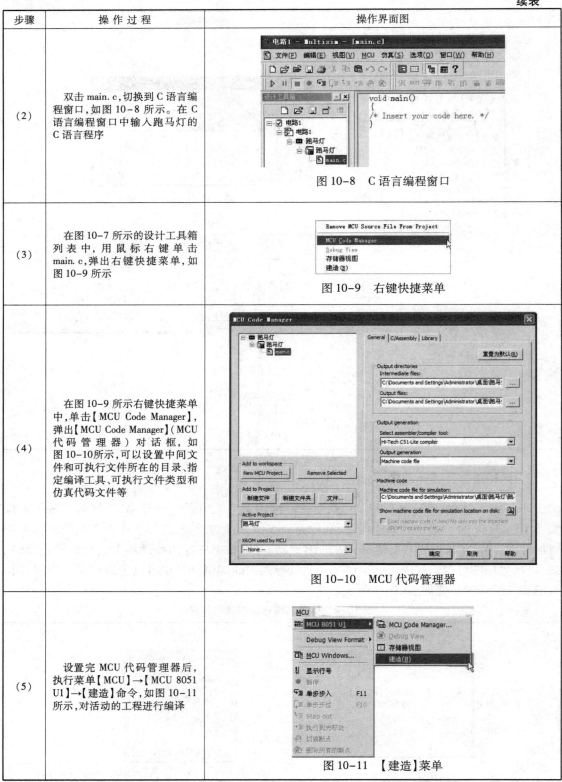图 10-8 C 语言编程窗口
(3)	在图 10-7 所示的设计工具箱列表中,用鼠标右键单击 main.c,弹出右键快捷菜单,如图 10-9 所示	图 10-9 右键快捷菜单
(4)	在图 10-9 所示右键快捷菜单中,单击【MCU Code Manager】,弹出【MCU Code Manager】(MCU 代码管理器)对话框,如图 10-10 所示,可以设置中间文件和可执行文件所在的目录、指定编译工具、可执行文件类型和仿真代码文件等	图 10-10 MCU 代码管理器
(5)	设置完 MCU 代码管理器后,执行菜单【MCU】→【MCU 8051 U1】→【建造】命令,如图 10-11 所示,对活动的工程进行编译	图 10-11 【建造】菜单

步骤	操作过程	操作界面图
(6)	编译的结果会在电路窗口下方的"电路元件属性窗口"中显示,如图 10-12 所示。如果编译成功,会显示"0 - Errors";如果编译出现错误,则会出现错误提示,如所在的行和错误类型等。在程序中修改并重新编译,直到没有错误为止	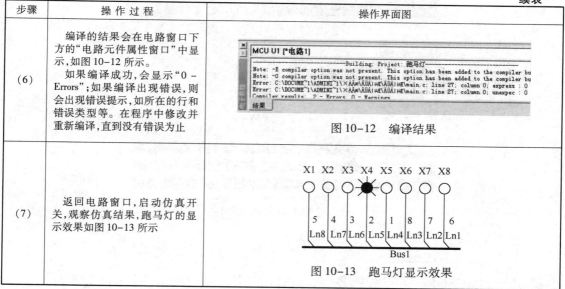图 10-12 编译结果
(7)	返回电路窗口,启动仿真开关,观察仿真结果,跑马灯的显示效果如图 10-13 所示	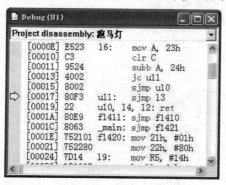图 10-13 跑马灯显示效果

3. 单片机仿真在线调试

MultisimMCU 不仅可以进行 MCU 的仿真,还支持在线调试,可以一边调试一边在电路仿真窗口观察仿真输出结果,非常方便设计人员进行设计开发。

（1）单步在线调试。执行菜单【MCU】→【MCU 8051 U1】→【Debug Vies】命令,打开如图 10-14 所示的调试对话框。在调试时,可以设置断点、单步调试等。

![Debug对话框]
```
Debug (U1)
Project disassembly: 跑马灯
[0000E] E523    16:       mov A, 23h
[00010] C3                clr C
[00011] 9524              subb A, 24h
[00013] 4002              jc u11
[00015] 8002              sjmp u10
[00017] 80F3    u11:      sjmp 13
[00019] 22      u10, 14, 12: ret
[0001A] 80E9    f1411: sjmp f1410
[0001C] 8063    _main: sjmp f1421
[0001E] 752101  f1420: mov 21h, #01h
[00021] 752280         mov 22h, #80h
[00024] 7D14    19:    mov R5, #14h
```
图 10-14 调试对话框

（2）观察存储器。执行菜单【MCU】→【MCU 8051 U1】→【存储器视图】命令,打开如图 10-15 所示的【MCU 存储器视图】对话框,该对话框显示的内容与所选的单片机芯片有关,显示的内容有特殊功能寄存器、内部程序存储器、内部数据存储器和外部程序存储器等。通过【MCU 存储器视图】对话框可以查看调试过程中存储器的变化。

4. 跑马灯电路仿真

1）构建跑马灯电路

在电路窗口中构建如图 10-16 所示的跑马灯电路。

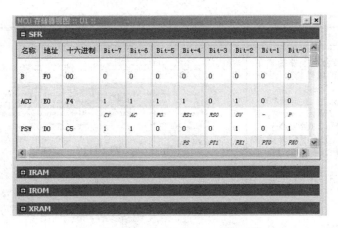

图 10-15 【MCU 存储器视图】对话框

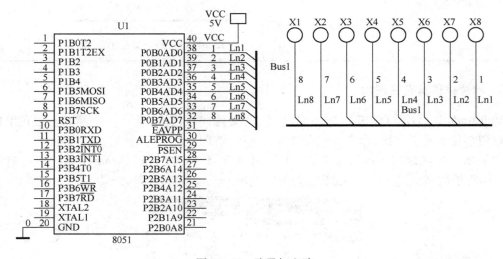

图 10-16 跑马灯电路

2）程序编写和编译

在源文件中输入如下的 C 语言程序并编译。

```
#include < htc. h >
delay( unsigned char t)    / * 延时程序 * /
{
unsigned char i;
for( i = 0 ; i < t ; i + + ) ;
}
void main( )
{
unsigned char i, v1 = 1, v2 = 128 ;
while( 1 )
{
```

```
delay(20);
P0 = 0;
for(i = 0;i < 8;i + + )      /* 左移 */
{
P0 = v1;
v1 = v1 < < 1;
delay(20);
}
for(i = 0;i < 8;i + + )      /* 右移 */
{
P0 = v2;
v2 = v2 > > 1;
delay(20);
}
}
}
```

3）仿真

将操作界面切换到原理图,启动仿真,观察仿真结果。本例中的指示灯先循环左移一位,然后循环右移一位,实现了简单的流水灯的效果。

任务二　数码管显示电路仿真

单片机驱动的数码管显示电路有静态显示和动态显示两种。

静态显示是指数码管显示某一字符时,相应的发光二极管恒定导通或恒定截止,这种显示方式的各位数码管相互独立,公共端恒定接地(共阴极)或接电源(共阳极)。每个数码管的字段分别与一个 I/O 口地址相连,I/O 口只要有段码输出,相应字符即显示出来,并保持不变,直到 I/O 口输出新的段码。采用静态显示方式,占用 CPU 时间少,编程简单,但占用的口线多,只适合显示位数较少的场合。

动态扫描显示是单片机应用最广泛的方式之一,所有数码管的字段共用一个 I/O 口,每一个数码管的公共极各自独立地受 I/O 线控制。CPU 向字段输出口送出字形码,所有数码管接收到相同的字形码,但究竟哪个显示,则取决于公共端。动态扫描是指采用分时的方法,轮流控制各个数码管的公共端,使各个数码管轮流显示。

下面以六位数码管显示时间为例,介绍动态扫描显示方式。

1. 时间显示电路

六位数码管分别显示小时、分钟和秒,单片机的 P2 口作为段控制端口,P3 口的 P3.2 ～ P3.7 作为位控制信号。由于数码管显示时需要的电流较大,采用 PNP 型三极管驱动,如图 10-17所示。

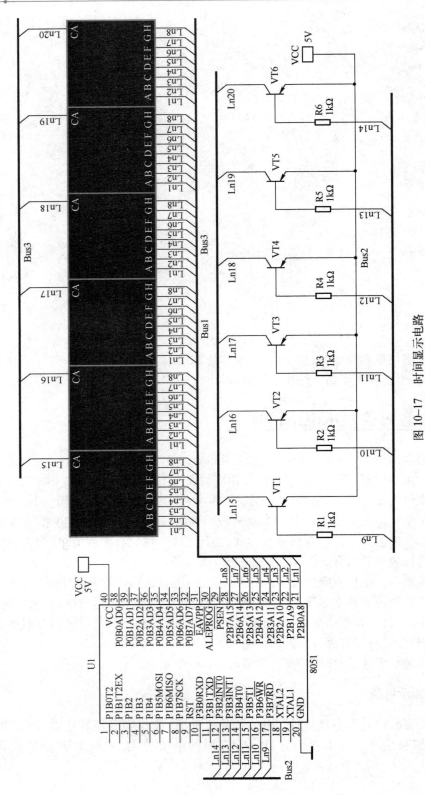

图 10-17 时间显示电路

2. 程序编写

动态扫描显示时,先向 P2 口送段码,再向 P3 口送位码,延时之后,使位码左移一位,再显示下一位数字,循环 6 次即可使每一位数码管轮流显示。

```c
#include <reg51.h>
#include <intrins.h>
unsigned char sec,min,hour,count;
unsigned char code tab[ ] =
{
    0xc0,0xf9,0xa4,0xb0,0x99,0x92,0x82,0xf8,0x80,0x90
};                              //共阳型数码管的字形码
delay(unsigned int j)           //延时函数
{
    while(j - -);
}
display( )                      //显示函数
{
    unsigned char i,wk = 0xfb;
    unsigned char buf[8];
    buf[0] = tab[sec%10];
    buf[1] = tab[sec/10];       //显示秒
    buf[2] = tab[min%10];
    buf[3] = tab[min/10];       //显示分
    buf[4] = tab[hour%10];
    buf[5] = tab[hour/10];      //显示小时
    for (i = 0;i < =5;i + +)
    {
        P2 = buf[i];            //向 P2 口送段码
        P3 = wk;                //向 P3 口送位码
        delay(100);
        wk = _crol_(wk,1);
        P3 = 0xff;
    }
}
void init )                     //初始化函数
{
    TMOD = 0x01;
    TH0 = 0x3c;
    TL0 = 0xb0;
    EA = 1;
    ET0 = 1;
```

```
            TR0 = 1;
            hour = 12;
            min = 30;
        }
    int main( )                        //主函数
        {
            init( );
            while(1)
                {
                    display( );
                }
        }
    void timer_0( ) interrupt 1        //定时器 0 中断函数
        {
            TH0 = 0x3c;
            TL0 = 0xb0;
            count + + ;
            if ( count = = 20 )        //1s 定时时间到
                {
                    count = 0;
                    sec + + ;
                    if ( sec = = 60 )
                        {
                            sec = 0;
                            min + + ;
                            if ( min = = 60)
                                {
                                    min = 0;
                                    hour + + ;
                                    if ( hour = = 24)
                                        {
                                            hour = 0;
                                        }
                                }
                        }
                }
        }
```

　　Multisim 提供的 C 编译器和我们常用的 C 语言头文件有所不同,因此习惯 C 语言时,可以利用第三方编译软件,直接生成目标代码(∗. hex),然后将目标代码加载到单片机中即可。

二、项目基本知识

知识点一　总线

总线是由多条性质相同的导线组成的集合,在原理图绘制时,用一条粗线来表示总线,总线是为了使原理图简洁明了,本身并不具有电气特性。网络名称则具有电气连接特性,在原理图上具有相同网络名称的电气连接点是连在一起的,所以总线必须配以网络名称才能将相应的连接点连接在一起。

1．绘制总线

绘制总线的步骤如表10-3所示。

表10-3　绘制总线的步骤

步骤	操作过程	操作界面图
(1)	执行菜单【放置】→【总线】命令,或者在元件栏上单击放置总线图标 ,光标指针变成十字形状,如图10-18所示	图10-18　放置总线状态
(2)	单击鼠标左键确定起点,再分别单击鼠标左键确定多个固定点,单击鼠标右键确定终点,并结束总线绘制,第一条总线的名字系统默认是Bus1,如图10-19所示	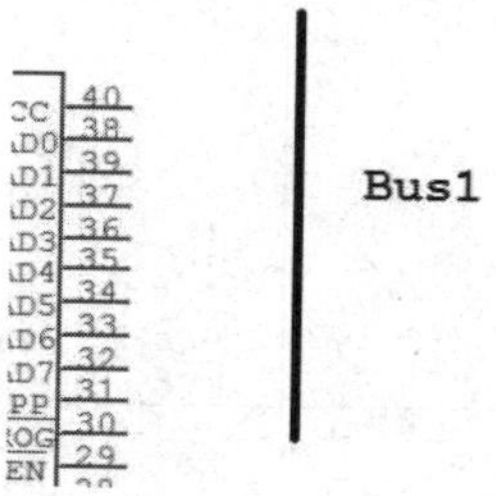 图10-19　绘制总线
(3)	用同样的方法绘制第二条总线Bus2,如图10-20所示	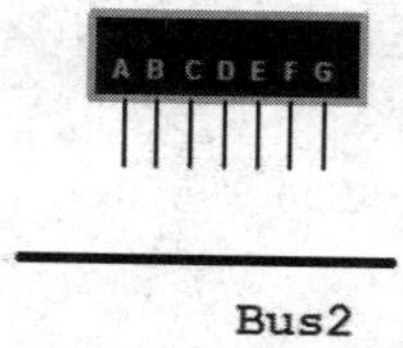 图10-20　绘制总线

续表

步骤	操 作 过 程	操作界面图
（4）	双击第二条总线 Bus2，弹出【总线属性】对话框，如图 10-21 所示	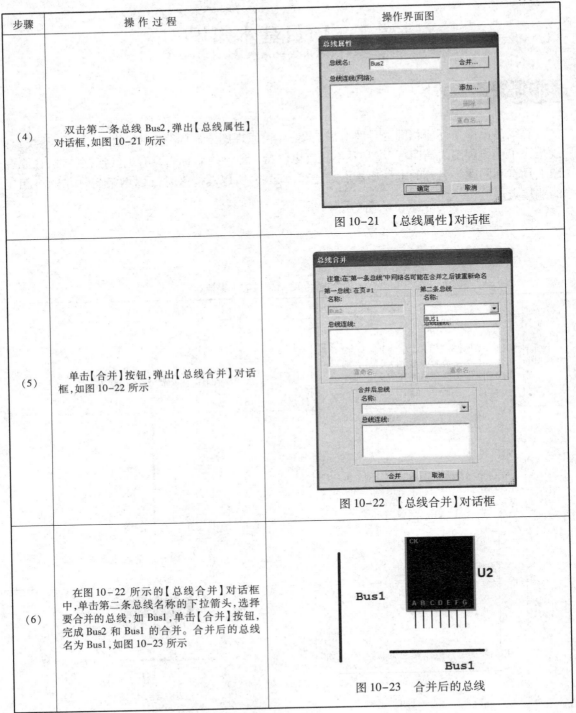图 10-21　【总线属性】对话框
（5）	单击【合并】按钮，弹出【总线合并】对话框，如图 10-22 所示	图 10-22　【总线合并】对话框
（6）	在图 10-22 所示的【总线合并】对话框中，单击第二条总线名称的下拉箭头，选择要合并的总线，如 Bus1，单击【合并】按钮，完成 Bus2 和 Bus1 的合并。合并后的总线名为 Bus1，如图 10-23 所示	图 10-23　合并后的总线

2. 绘制总线分支

绘制总线分支的步骤如表 10-4 所示。

表 10-4　绘制总线分支的步骤

步骤	操 作 过 程	操 作 界 面 图
（1）	像连线一样连接 AD0 和总线，绘制总线入口连接，如图 10-24 所示	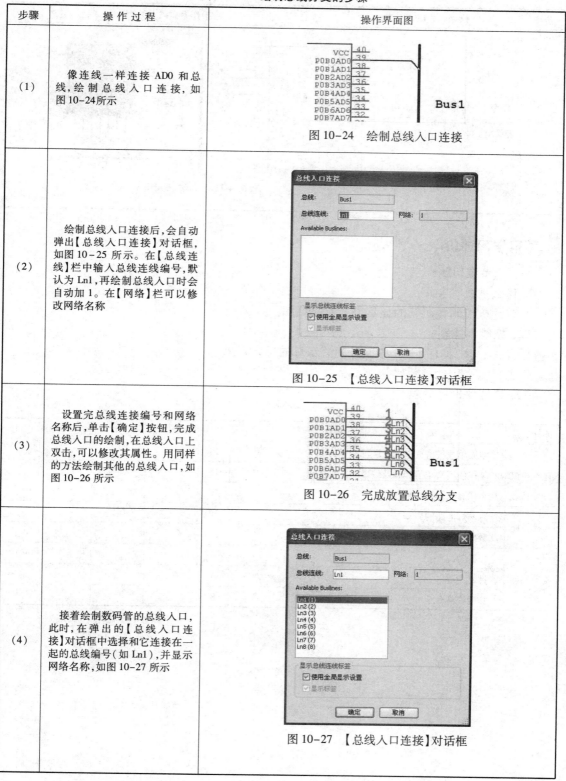
（2）	绘制总线入口连接后，会自动弹出【总线入口连接】对话框，如图 10-25 所示。在【总线连线】栏中输入总线连线编号，默认为 Ln1，再绘制总线入口时会自动加 1。在【网络】栏可以修改网络名称	
（3）	设置完总线连接编号和网络名称后，单击【确定】按钮，完成总线入口的绘制，在总线入口上双击，可以修改其属性。用同样的方法绘制其他的总线入口，如图 10-26 所示	
（4）	接着绘制数码管的总线入口，此时，在弹出的【总线入口连接】对话框中选择和它连接在一起的总线编号（如 Ln1），并显示网络名称，如图 10-27 所示	

步骤	操 作 过 程	操作界面图
(5)	总线绘制完后,在电路图中具有相同网络名称的电气连接点是连在一起的,如图10-28所示	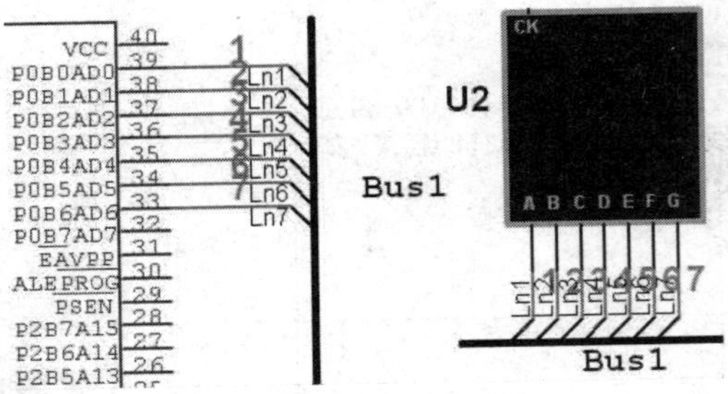 图10-28 绘制完的总线

项目学习评价

一、思考练习题

1. 什么是总线?

2. 单片机控制数码管的显示方式有哪些?

二、技能训练题

任务一 改变"任务一"中设计的流水灯的发光效果。

任务二 采用二位数码管动态显示方式,设计一个篮球30s倒计时牌。

三、技能评价评分表

班级: _____ 姓名: _____ 成绩: _____

评价项目	项目评价内容	分值	自我评价	小组评价	教师评价	得分
理论知识	① 掌握单片机仿真电路的建立	15				
	② 掌握使用C语言编程及编译的方法	15				
	③ 掌握总线及其绘制方法	10				
实操技能	① 跑马灯电路的仿真	20				
	② 数码显示电路的仿真	20				
学习态度	① 出勤情况	6				
	② 课堂纪律	6				
	③ 按时完成作业	8				

项目十一

综合应用电路

项目情境创设

利用 Multisim 可以方便地进行综合应用电路的设计和仿真,可以将电路理论、仿真分析和硬件实验进行有机结合,能方便地应用在课程设计和毕业设计中。

项目学习目标

	学 习 目 标	学 习 方 式	学　　时
技能目标	① 掌握智力抢答器设计与仿真; ② 掌握篮球 24s 倒计时器设计与仿真; ③ 掌握函数形波形发生器设计与仿真; ④ 掌握监测报警系统设计与仿真	学生上机操作,教师指导、答疑	4 课时

项目基本功

项目基本技能

任务一　智力抢答器设计与仿真

抢答器是各种竞赛活动中不可缺少的设备,一般具有抢答锁定的功能,还可以增加倒计时、定时、自动复位、报警、屏幕显示等多种功能。

1. 功能要求

(1)本例中的抢答器最多可供 4 名参赛选手使用,编号为 1 ~ 4 号,每人分别用一个按键开关(J1 ~ J4)控制,并设置一个系统清零和抢答控制开关 J5,由主持人控制。

(2)抢答器具有数据锁存功能,并将锁存数据用发光二极管和数码管显示出来。

(3)抢答先后的分辨率为 1ms。

(4)清零开关被按下时,抢答电路清零,松开后则允许抢答。

(5)有抢答信号输入时,数码管显示相对应的号码,此时再按其他任何一个按键开关,指示灯依旧保持第一个开关按下时所对应的号码不变。

2．电路创建

4 路抢答器如图 11-1 所示。该电路由四 D 触发器、十进制计数器和门电路等组成。J1 ～ J4 为抢答人按键，J5 为主持人复位按键。

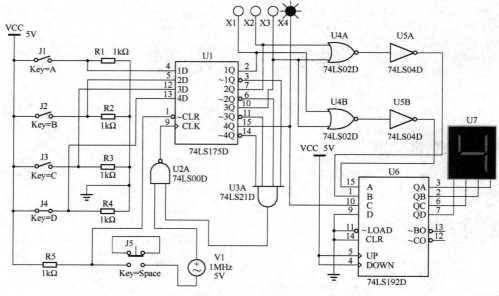

图 11-1　4 路抢答器

3．仿真分析

当无人抢答时，J1 ～ J4 均未被按下，1D ～ 4D 均为低电平，在时钟脉冲作用下，1Q ～ 4Q 均为低电平，指示灯都不亮，数码管显示为 0。

当有人抢答时，如 J4 被按下，4D 输入端为高电平，在时钟脉冲作用下，4Q 变为高电平，对应的指示灯 X4 发光，同时，数码管显示为 4。此时～ 4Q 端输出为低电平，经 74LS21D 四输入与门后输出为 0，经与非门 74LS00D 后输出为 1，将脉冲信号封锁，74LS175D 的 CLK 端不再有脉冲信号，所以其输出不再变化，其他抢答者再按下按键开关不会起作用。

任务二　篮球 24s 倒计时器

篮球比赛中，为了加快比赛节奏，还要求进攻方在 24s 内有一次投篮动作，否则视为违例。篮球比赛 24s 倒计时器实际上就是一个二十四进制递减计数器。

1．功能要求

（1）能完成 24s 倒计时功能。
（2）完成计数器的复位、启动计数、暂停/继续计数、声光报警等功能。

2．电路创建

24s 倒计时电路可由秒脉冲信号发生器、计数器、译码和显示电路、报警电路和辅助控制电路组成，如图 11-2 所示。

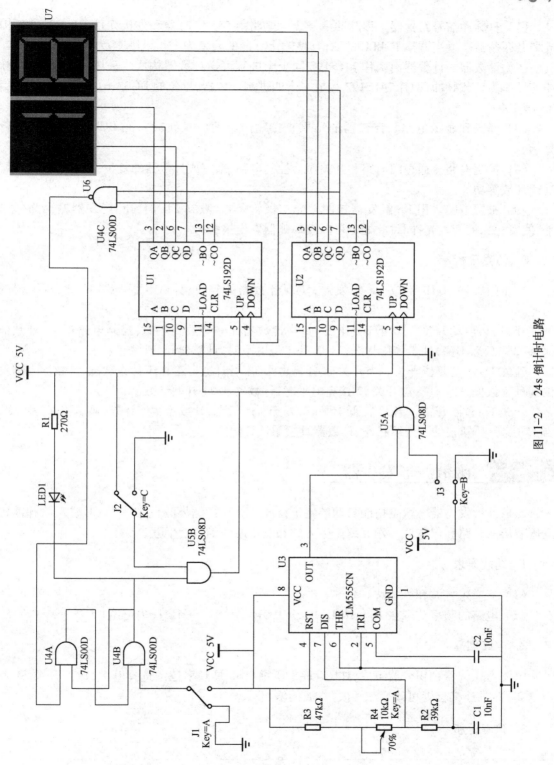

图 11-2　24s 倒计时电路

（1）秒脉冲信号发生器。秒脉冲信号产生电路由 555 定时器和外接元件 R1、R2 和 C 构成多谐振荡器。适当调整 R 和 C 的取值，使输出脉冲的频率为 1Hz，即周期为 1s。

（2）计数器。计数器由两片 74LS192 同步十进制可逆计数器构成。采用减法计数，秒脉冲信号作为计数脉冲，两片 74LS192 构成二十四进制计数器，十位的 DCBA ＝0010，个位的 DC-BA ＝0100。

（3）译码和显示电路。计数器的结果直接输出给两位 4 线输入的 BCD 码数码管进行显示。

（4）控制电路。通过门电路和开关作为控制电路，来完成计数器的复位、启动计数、暂停/继续计数等功能。

（5）报警电路。用 RS 触发器控制发光二极管，当计数到 24s 时，RS 触发器输出为低电平，使发光二极管发光，同时此处也可以接蜂鸣器发出报警声。

3. 仿真分析

与非门 U4A、U4B 组成 RS 触发器，实现计数器的复位、计数和保持"24"，以及报警的功能。

开关 J1：启动开关。J1 处于高电平时，当计数器递减计数到零时，控制电路报警，计数器保持"24"状态不变，处于等待状态；当 J1 处于低电平时，计数器开始计数。

开关 J2：手动复位开关。当开关 J2 接低电平，不管计数器工作于什么状态，计数器立即复位到预置数值，即"24"；当开关 J2 接高电平时，计数器从 24 开始计数。

开关 J3：暂停开关。当 J3 接低电平时，处于暂停状态，计数器暂停计数，显示器保持不变；当 J3 接高电平时，处于连续状态，计数器继续累计计数。

任务三　函数波形发生器

函数波形发生器一般是指能自动产生正弦波、三角波（锯齿波）、方波（矩形波）、阶梯波等电压波形的电路和仪器。本例介绍产生方波和三角波的函数发生器。

1. 功能要求

（1）能产生方波和三角波。
（2）电路的频率范围在 1 ～ 10Hz、10 ～ 100Hz、100Hz ～ 1kHz 内可调。

2. 电路创建

电路由比较器和积分器组成，如图 11-3 所示。S1 是频率范围选择开关，改变开关 S1 和 C1、C2、C3 的连接位置可改变三角波、方波的输出频率。

3. 仿真分析

对于方波和三角波的频率有 $f = \dfrac{R_3 + R_{RP1}}{4R_2(R_4 + R_{RP2})C}$。

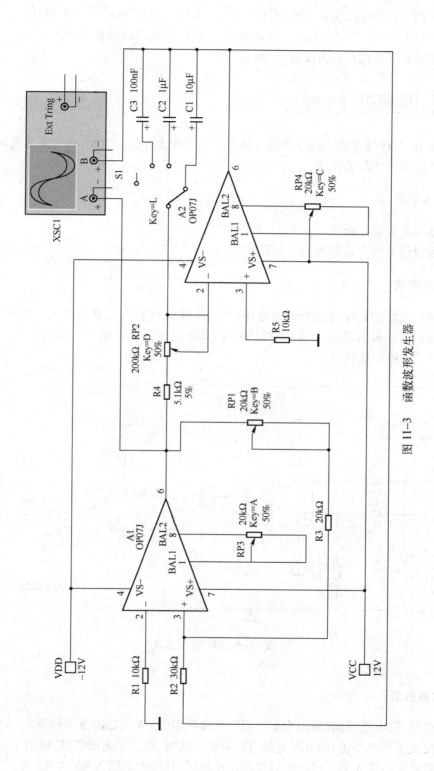

图 11-3 函数波形发生器

当 $1\text{Hz} < f < 10\text{Hz}$ 时, 取 $C = 10\mu\text{F}$, $R_4 + R_{\text{RP2}} = 7.5\Omega \sim 7.5\text{k}\Omega$, $R_4 = 5.1\text{k}\Omega$, $R_{\text{RP2}} = 100\text{k}\Omega$。

当 $10\text{Hz} < f < 100\text{Hz}$ 时, 取 $C = 1\mu\text{F}$。当 $100\text{Hz} < f < 1\text{kHz}$ 时, 取 $C = 0.1\mu\text{F}$。

单击示波器可以观察输出波形。

任务四 监测报警系统

在实际中, 对环境参数实施监测报警是十分需要和重要的。例如, 对火灾等危险情况的监测报警就是生活中非常必需的。

1. 功能要求

(1) 能对火灾发出报警。
(2) 报警信号为声音和发光二极管发光。

2. 电路创建

实际的监测报警系统可以由传感器、信号预处理电路和计算机等组成。如图 11-4 所示是一个简单的监测报警系统。R11、R12、R13 和 R14 组成的电桥用于仿真传感器。U1 是差分放大电路, U2 是电压比较器。

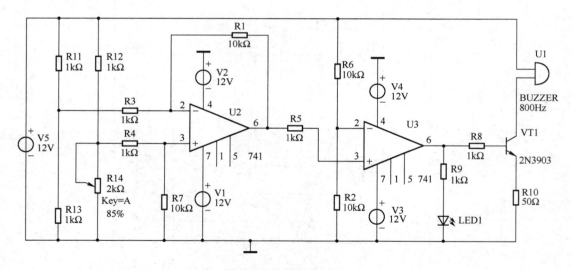

图 11-4   监测报警系统

3. 仿真分析

正常情况下, 电桥平衡, 输出为零。当环境参数突变 (火灾是温度突然升高) 时, 传感器的输出电压发生了明显变化, 用可调电阻进行模拟。此时, 电桥平衡被打破, 输出不为零, 经第一级差分电路放大后送入第二级单限同相电压比较器, 其参考电压为 R6 和 R7 对 12V 电源的分压。最后, 比较器的输出经声光报警电路驱动, 使发光二极管发光, 蜂鸣器鸣响, 产生声音和发光报警信号。

项目学习评价

一、技能评价评分表

班级：_____　　姓名：_____　　成绩：_____

评价项目	项目评价内容	分值	自我评价	小组评价	教师评价	得分
理论知识	① 智力抢答器设计与仿真	20				
	② 篮球 24s 倒计时器设计与仿真	20				
	③ 函数波形发生器设计与仿真	20				
	④ 监测报警系统设计与仿真	20				
学习态度	① 出勤情况	6				
	② 课堂纪律	6				
	③ 按时完成作业	8				

反侵权盗版声明

    电子工业出版社依法对本作品享有专有出版权。任何未经权利人书面许可,复制、销售或通过信息网络传播本作品的行为;歪曲、篡改、剽窃本作品的行为,均违反《中华人民共和国著作权法》,其行为人应承担相应的民事责任和行政责任,构成犯罪的,将被依法追究刑事责任。

    为了维护市场秩序,保护权利人的合法权益,我社将依法查处和打击侵权盗版的单位和个人。欢迎社会各界人士积极举报侵权盗版行为,本社将奖励举报有功人员,并保证举报人的信息不被泄露。

举报电话:(010)88254396;(010)88258888

传   真:(010)88254397

E-mail:dbqq@phei.com.cn

通信地址:北京市海淀区万寿路173信箱

          电子工业出版社总编办公室

邮   编:100036